未来成功人10Q全商培养

智商 *Intelligence Quotient* —智力指数 (IQ)

U0655231

IQ智商

总策划／邢涛　主编／龚勋

头脑就是武器

華夏出版社

前言 FOREWORD

塑造孩子的高智商大脑!

生活中经常听到“高智商”“智商超群”等说法，人人都想成为高智商的一份子。那么，大家口中的“智商”到底是什么呢?

智商全称智力指数（Intelligence Quotient，缩写为IQ），一般用来衡量一个人思考、推理、记忆、解决问题能力，它通常跟一个人的学习能力有关。

很多人认为智商完全是由先天因素决定的，与后天培养没有关系，其实这种看法是完全不对的。先天因素只占智商的一部分，而孩子在成长期间是否得到好的培养，在很大程度上影响了智商的高低。根据研究，智力并非随年龄增长而呈直线上升，十六岁后，智力就基本停止发展了。所以，对孩子的IQ培养要趁早，这是对孩子最好的投资，对其一生具有深远的影响。

智商是一个人进行社会活动的必备基础，它直接决定着一个人接受新事物的速度与质量，对一个人自身发展更是有着不可或缺的作用，在一个人的成功过程中扮演着非常重要的角色。

一般来说，智商分为观察力、注意力、记忆力、思维力、想象力、分析判断能力、应变能力七种能力。这几种能力并不是完全独立的，它们中的许多都可以相互交叉、重叠。因此，最好的方法就是同时锻炼两种相互关联的能力。在孩子成长过程中，有针对性地进行开发和培养，这几种能力都会得到显著的提高。

本书根据孩子的认知习惯，把智商分为观察力和注意力、思考力和分析力、创造力和应变能力三大部分，每个方面都选取了相关主题的有趣故事，多维度体现出智商的不同层面。在每个故事后，都配置了相关的小游戏，让孩子在有趣的游戏中锻炼了相应的能力。最后，我们还设置了“智商大检阅”一章，能够让孩子在游戏的乐趣中得到智商的锻炼和检验。

现在，就让我们翻开这本书，进行一场畅快淋漓的头脑体操吧！

目录 CONTENTS

1 发现生活之美
——锻炼观察力和注意力

2 找到成功之路
——培养思考力和分析力

3 点亮思想之光
——提高创造力和应变能力

目录 CONTENTS

1 发现生活之美

——锻炼观察力和注意力

观察力和注意力是智商最基本的部分，它不仅仅是机械地用眼睛“看”和用脑子“记”，还是一种把大脑的活动和“看”相结合的行为。锻炼出过人的观察力和注意力，做起事情来就会得心应手，节省很多精力和时间。

翻开本章，从有趣的小故事中发掘观察力的诀窍、注意力的秘籍，从小游戏中得到相应能力的锻炼，你会稳稳地跨出成为IQ天才的第一步！

比尔·盖茨的超强记忆力

超强的记忆力来自出众的观察力和高度的注意力。做到这两点，你也能跟盖茨一样拥有强大的记忆力！

比尔·盖茨是全球最大软件提供商微软公司的创始人之一。他从小就表现出过人的天赋。

小时候，小盖茨在学校里成绩很好，尤为出众的是，他的记忆力简直好到了令人吃惊的地步。

盖茨的英文老师安妮·史蒂芬森小姐有一件印象深刻的事情。那时，学校正好进行一次《黑色喜剧》的戏剧演出，其中有大段的独白台词，许多同学看到这么长的台词，都有些发憷。

到正式演出时，小盖茨一上台，竟然将一段长达三页的独白台词顺畅地背诵出来，而且准确无误。同学们简直吃惊极了！好多大人用了好几天的时间，记下的台词还是有很多错误，可是小盖茨竟然把一整段完整地背了下来！

不仅如此，许多盖茨的老师回忆说，有时在讲课时遇到记不清的东西，老师在讲台上犹豫的时候，盖茨几乎都要脱口而出地说："这就是……"

更让人惊讶的事发生在小盖茨十一岁那年。

当时，盖茨上的是公理会的教会学校，参加过唱诗班。虽然他对宗教并不太感兴趣，但也读过《圣经》。

有一次，西雅图大学社区公理会教堂的牧师戴尔·泰勒来到了盖茨所在的班级，说："谁要是背诵出《马太福音》五到七章的全部内容，我就邀请他去西雅图的'太空针塔'餐厅参加免费聚餐。"

这一下，整个班级沸腾了起来。

"都说泰勒先生每年都会要求学生背这几个章节，我还以为是传言，原来是真的！"

"可泰勒先生选的这几个章节是最拗口的部分，还特别长，怎么能全部背出来呢！"

"不知道谁会那么幸运。"

"这可不是幸运不幸运的问题，谁能拥有那么强的记忆力呢！估计今年能做到的人，也是磕磕巴巴背下来的吧！"

也怪不得同学们这么兴奋。"太空针塔"不仅是西雅图市最著名的建筑，也是美国西北太平洋地区的主要地标，高度605英尺。离地面520英尺高度处，有一个瞭望台和旋转餐厅，可以360°俯瞰整个西雅图市区，以及附近的山脉和海湾。

更富有吸引力的是，在那里的旋转餐厅可以看到很多西雅图的头面人物，可以说是西雅图最高级、最体面的地方。对于小学生来说，这将是多么难得的一次经历呀！

终于到了约定的时间，同学们纷纷上场背诵，结果大部分同学都没能背完，偶有几个背下来的，也是勉勉强强、磕磕巴巴。

轮到小盖茨了，他信心十足、抑扬顿挫地背了起来……

简直太让人吃惊了！他竟然一口气背了下来，没有一处错误和卡壳！

牧师也大吃一惊，随后，他就这段文字向小盖茨提了几个问题，都得到了比较满意的回答。他又满意又惊讶，不禁向小盖茨问道："你是怎么背下这么长的文字的？"

盖茨不假思索地回答他："我相信，只要竭尽全力，我就能做成任何想做的事情！"

这是一个十一岁孩子的狂言，还是一个天才儿童的自信？事实给了大家明确的答案。

在“太空针塔”上的高级旋转餐厅中，小盖茨和其他几个勉强背完这些章节的获胜者一起，跟泰勒牧师共进晚餐。

泰勒牧师说：“虽然这一顿晚饭极具诱惑力，但显而易见，很多孩子看到困难就退缩了，并没有为此竭尽全力。小盖茨之所以做得这么优秀，是因为他确实为此付出了全部的努力。”

确实，凭借自己的专注和努力，小盖茨得到了应得的东西。坐在华丽的餐厅里，当小盖茨第一次居高临下地俯瞰西雅图美丽的夜景时，他对未来不禁充满了成功的憧憬，心潮也澎湃起来。

看来，出众的记忆力需要的不仅是天赋，更需要高度集中的注意力和坚定的意志。不仅记忆如此，成功也一样。

■ **编译/谢露静**

睿智人生 / Intelligent Life

天才和凡人只有一线之隔。良好的记忆力并不完全是天生的，它可以用合理的方法来锻炼。面对难题，小盖茨付出了全部的专注和努力，所以在短时间内达到了令人意想不到的结果。看来，我们不必羡慕他人，对一样东西，只要深入理解，用尽全力，就一定能取得好结果。

培养策略 / Training Strategy

同学们，想拥有跟比尔·盖茨一样的记忆力并不难，良好的记忆力来自专注和用心。从现在开始做起，训练自己集中注意力去记忆东西。给自己半个小时时间，全神贯注地通读一首古诗，领会它的意思，然后竭尽全力去背诵。你会发现，这样短时间内集中注意力记住的东西，比漫不经心记住的东西，要牢固很多。这样坚持下去，你的收获会越来越大。

玻璃孔雀

阳阳生病了，他的好朋友莹莹来看望他，并给他带来一件玻璃孔雀当做礼物。阳阳躺在床上，跟好朋友聊着天，仿佛忘记了疾病的痛苦。同学们，仔细观察这幅图一分钟，然后把图片捂住，看看下面的问题你都能答上来吗？

■ 问题 /

1.阳阳手中的玻璃孔雀是什么颜色的？
2.莹莹头上戴着什么装饰品？是什么颜色的？
3.阳阳床头的柜子上放着什么？
4.莹莹身后墙纸上画的花朵，都是几个花瓣的？

■ 专家悄悄话 /

这个游戏可以锻炼你的观察能力和记忆能力。在一分钟内全神贯注地观察图片，自然就会记住这些特点。你答对了多少呢？如果都答对了，恭喜你，你已经基本掌握了全神贯注记忆法！如果还没做到，也不要灰心，继续努力吧！

答案

1.蓝色的
2.蝴蝶结发带，蓝色的
3.一盆植物
4.三个花瓣

红酒里的钻石案

● 科学小知识和生活常识人人都能掌握，能不能把它运用好，就在于每个人的理解和领会了。

白云市阳光小学五年级学生牛小乐是个侦探迷，极具探案天赋。他和豆豆等几个小伙伴组成了“侦探兴趣小组”，经常跟着刑警队长牛叔叔一起破案。

这天，牛小乐正在豆豆家写作业，突然发现牛叔叔和助手朝小区走来。“我叔叔肯定是来办案子的。走，去参与参与！”

于是，两人悄悄地跟在牛叔叔后面。他们不敢暴露自己，害怕牛叔叔不让他们参加。

牛叔叔果然是来办案的。原来，一个名叫李北原的著名商人近年来喜欢上了收藏钻石。他家书房里一个隐蔽的角落里藏着一个保险柜，里面存

放了一枚从法国拍卖行买回的钻石，据说价值连城。这天早上，李北原洗漱完毕，还和往常一样走向自己的书房。他要在早餐之前欣赏一下心爱的钻石。可是，一走进书房，他就惊呆了：保险柜的门已被打开，那枚钻石不翼而飞。牛叔叔和助手接到报案后急忙赶去，将书房里里外外、上上下下仔细勘查了一遍，丝毫线索也没有发现。

“还真是高手，案子做得真干净！”助手感叹了一句。

“不过，只要是案子就会留下线索。这里没有，别的地方也许有。”牛叔叔说。

果然，他们发现了另外一个线索。按照这个线索追查下去，最终锁定了一个叫马三奎的人，但是，他们却拿不到直接证据。牛叔叔决定对马三奎家进行突击搜查，而马三奎就住在这个小区里。

看见刑警们出示的搜查令，马三奎脸上显出一丝慌乱，不过很快就消失了，毕竟他是个惯偷，而且还是大盗，不会轻易露出马脚。牛叔叔开门见山地说：“有一桩案子，我们怀疑和你有关。现在，要对你家进行搜查。”

马三奎做出一副不以为然的样子：“请搜查！请搜查！配合公安，是我的责任。”说罢，稳稳地坐在了沙发上，牛叔叔也坐下了，他要监视马三奎的一举一动，避免他趁机转移钻石。

牛叔叔的助手走进卧室开始搜查。

马三奎还是一副坦然自若的样子：“这样坐着太无聊了，我们喝杯酒吧。”说着拿来两个高脚玻璃杯，往每个杯子里倒了半杯葡萄酒，又拉开冰箱门，往每个杯子里放了两块冰，然后递给牛叔叔一杯。这时，牛小乐和豆豆进来了。

“哎，你两个干什么来了？”牛叔叔有些生气，“赶紧回家写作业去。”

豆豆拉了拉牛小乐，要走，牛小乐却仍然站着不动。这么好的机会他怎能轻易放过呢？

这时，马三奎一口将杯中红酒干了，向牛叔叔示意，请他喝酒，然后又给自己倒了一杯，从冰箱里拿出两块冰块，放进杯中。牛叔叔并不喝酒，却盯着马三奎的杯子，发现其中一块冰沉在了杯底。牛小乐也发现了沉入杯底的冰块，他灵机一动说：“我们两个虽然是小孩，却也是客人，不请我们喝一杯么？”

“好哇，小客人！”马三奎说着就要给牛小乐倒酒。

牛小乐大声说：“不，我就喝你手中那杯。”

“小鬼，还挺倔！”马三奎阴阳怪气地说。

这时，牛叔叔明白了牛小乐的意图，趁机上前夺下马三奎的杯子，将沉在杯底的冰块拿出来，砸开，一枚钻石露了出来。正是李北原丢失的钻石。

此时的马三奎再也不像刚才那么镇定了。他哆哆嗦嗦地瘫坐在沙发上。豆豆搞不明白，他问牛小乐：“小乐，你们怎么知道钻石在冰块里呢？”

原来，冰块应该浮在酒上面，可是马三奎杯子中的冰块却是沉在杯底的。马三奎以为将含有钻石的冰块放在酒杯中，就不会引起警员们的注意，却忽略了两者密度不同这一特点。

更令马三奎没想到的是，自以为老谋深算的他，竟然被一个小学生看穿了。

■ **撰文**/郭宏宇

睿智人生 / Intelligent Life

聪明人拥有丰富的知识，但并不是书呆子，而是能够把所学知识跟实际情况联系起来，活学活用。本文中的主人公就是这样一个聪明人，细致的观察力让他发现了破绽，再结合所掌握的知识，自然而然，做出了正确的判断。

培养策略 / Training Strategy

细致的观察力是聪明儿童必备的素质。家长可以跟孩子一起做一些简单的小实验，比如冰的融化、光的反射等等，先引导孩子仔细观察，让孩子自己说说其中的道理，再告诉孩子正确的答案。这种小实验既能培养孩子细致的观察力，也能让孩子增长相关的知识。

鸡蛋是浮还是沉?

今天的课上，果果学了关于密度和浮力的知识。回到家后，他迫不及待地开始做起来关于浮力的小实验。准备好一杯清水、一杯饱和的糖水、一杯饱和的盐水和一杯兑了醋的水，拿一个鸡蛋，分别放入四个杯子，观察一下鸡蛋是沉底还是浮着？想一想，这是为什么呢？

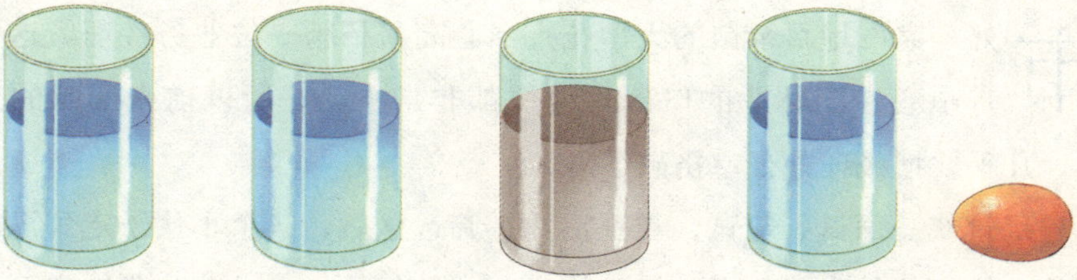

■ 专家悄悄话／

认真观察得到的知识总是令人印象深刻。只有把观察和生活联系起来，才能牢牢地理解和掌握知识。做实验的过程中，不要只是机械地操作，而要一边观察一边思考。这个浮力小实验，既有趣味性，又能提高你的动手能力，还能让你在实验中复习学过的知识，可谓一举多得！

答案

1. 鸡蛋在清水中沉底，因为鸡蛋的密度比清水大。
2. 鸡蛋在饱和糖水中漂浮，因为鸡蛋的密度比饱和糖水小。
3. 鸡蛋在饱和盐水里漂浮，因为鸡蛋的密度比饱和盐水小。
4. 鸡蛋在醋水里沉底，因为鸡蛋的密度比醋水大。

将缺口变成一种美丽

看到水桶的缺口后，大部分人都想如何堵住这个缺口，而独具慧眼的人却注意到路边的花朵，因而创造了另一种美丽。

市郊一家占地百余亩的大型花卉中心高薪招聘一位业务经理。这个花卉中心在园林业的口碑和地位都非常不错，所以前来应聘的人很多，几乎要把经理办公室挤破了。

经过统一面试、笔试，重重淘汰、筛选之后，三个小伙子走到了最后一关。他们都是对花艺了如指掌的人，并且都曾经有过涉外成功案例，实力不相上下。

在这种难以一锤定音的情况下，中心经理决定再给他们三人安排一次考试。

考试的内容令人意想不到——经理让他们每人挑半天水。

几个人接到考题，惊讶不已。确实，在如今这样一个讲效率、讲经济的时代，一家著名的花卉中心竟然把挑水作为最终考试的内容，似乎有些

怪异。

面对他们惊诧不已的表情，经理指着后院的五十口大缸说：“在没有自来水的时候，五十口大缸就是花儿的生命。”说完，他找来一对水桶。

然而，其中有一只水桶的底部有一个小小的缺口，这再次让应聘者惊诧得张大嘴巴，百思不得其解。

但很快他们转念一想，几轮考试都顺利通过了，难道还怕简单的挑水考试不成？

于是第一位求职者信心百倍地出发了。

水塘离花卉中心有一公里，这样远的距离，挑起水来难免吃力，何况一只水桶还漏水，每次到达目的地后那桶水就只剩下半桶了，真是吃力不讨好。但他转念一想，也许这正是经理在考验自己的耐心吧，就咬着牙，顶着如火的烈日在三个小时的考试时间里挑了足足十缸水。

经理看着这个憨厚的小伙子被水溅湿的鞋和一路洋洋洒洒的水迹，点点头让他回去休息。

下午，第二位应聘者出发了。

他聪明多了，用塑料袋铺在有缺口的水桶底部。这样，虽然还是不如完好的水桶，但这个缺口漏出的水就少了许多，所以他轻松地挑了十五缸水。

第三位应聘者在办公室等了一天。

他是这三个人中最瘦小的，心如擂鼓地等待着。没想到其他两人用了整整一天，眼看天色暗了下来，经理走了进来：“今天天色不早了，先回去吧，明天一早，你再来考试。”

次日清晨，他特意吃得饱饱的，虽然他知道自己可能不是另外两位的对手，但他仍希望奇迹会出现。

他挑着水桶向着水塘走去，一路上一直给自己打气，可是成绩却实在不尽如人意，他只挑了七缸水。

最后，经理当场宣布了考试结果：录用的人竟然是第三位应聘者。

这个结果令另两位应聘者愤愤不平。

经理知道他们十分卖力，因此心里一定很不服气，便默不作声地领他们去了那条他们挑水时走过的通向水塘的小路。经理对他们说：“你们一定很不服气。现在你们看一看，这条路与你们挑水时有什么不同？”

那两位应聘者不知经理的用意，面面相觑。

经理温和地一笑，说：“你们挑水时，这条路上洒满了水，因为你们眼里只有这份高薪工作；而最后一位应聘者，同样挑了三个钟头的水，路上却几乎没有水迹，因为他的眼睛看见了花儿，他把漏下的水给了路两旁的花儿。”

他们这才看到，小路两旁的花儿被洒下的水滋润后，迎着烈日开得正艳。

原来，他们疏忽了花儿，也疏忽了自己的责任心。而明眼慧心的人，眼中处处有花儿，心中时时有责任。

■ **编译**/刘　颖

睿智人生 / Intelligent Life

水桶有了缺口，许多人都能看到，并尽力去弥补这个缺口；而聪明的“园丁”却尽量浇灌路边缺水的花儿，不让水白白浪费。智慧之举并不是仅仅做好有回报的事，而是把自己的责任尽力做到最好。

培养策略 / Training Strategy

故事主人公的成功，既在于敏锐的观察力，又在于强烈的责任心。家长们不妨利用生活中的一些小事培养孩子的这两种素质。比如，把一盆花交给孩子养，过一段时间，看看孩子坚持的情况如何，如果完成得好，则给予表扬或者奖励等。

植物成长日记

育英小学的园林植物兴趣小组最近搞了一个“植物成长日记”活动。这个活动要求同学们养一种植物，并记录植物成长日记。看一看明明、小璐和阿震的方法，谁的最好呢？

三人的方法 /

明明：他种下了种子，隔几天浇一次水。植物发芽后，就有点懈怠。当他发现植物的花时，花朵都快开败了，于是他推测可能是前一天开的花，就在“开花”一栏写上了前一天的时间。植物结果时，他干脆随便写了个时间。

小璐：她种下了种子，每天浇水，并把植物搬到阳台上晒一晒阳光。她每天早上都看一看植物，记下了准确的发芽、开花和结果的时间。

阿震：他先查了查自己养的植物的习性，记了下来。养植物的过程中，他每天都观察一下植物的变化。如果有点异常，就请教一下养花能手——爷爷，并记录下症状和原因。最后，阿震的“植物成长日记”不仅收录了兴趣小组要求的发芽、开花、结果三个过程，还收录了很多其他的植物知识。

点评 /

选明明的同学：你的观察方法不太正确，而且责任心也不是太强哟！从现在开始，努力培养自己的观察力和耐心吧！

选小璐的同学：你的观察方法很正确，而且你是个很有责任心的同学！可是不同的植物有不同的习性，要注意具体问题具体分析呀！

选阿震的同学：恭喜你！你是个既有细致的观察力又有强烈的责任心的同学！继续保持这种好习惯，你一定会变得更强的！

所以，阿震的做法是最正确的。

专家悄悄话 /

从这个例子中，你得到了什么启发？看来，做任何事情需要的都是细致的观察、正确的方法和强烈的责任心。

窥破死亡真相

凭借独特的观察力，资深警官能一下子分辨清哪个是假象，哪个是真相。多思考，多观察，你也会拥有这种能力！

最近，新耕市最大的犯罪团伙又开始猖獗起来，作了一起金融大案，涉案金额高达数千万。

这起事件案情非常复杂，连新耕市最著名的威廉姆金融集团也被扯了进去。

事关重大，重案组资深警官——金一警官负责调查这起案子。上司把重案组的新人渡边安排给金一警官做助手，想让金一警官带一带这个新入行的小伙子。

终于，连日的调查有了新发现，金一警官查出了犯罪团伙的头子和他藏身的地方。

“太好了，顺利的话，很快就会结案了！”金一警官的助手看了资料，兴奋地对金一警官说。

“越是关键时刻，越是不能大意呀！”金一警官显然没有助手那么

乐观。

果真，怕什么来什么，第二天一大早，重案组就接到了消息：犯罪团伙的头子被发现死在了一个仓库门口。

金一警官带着助手渡边很快赶到了现场。这正是调查中显示的犯罪团伙头子藏身的地方。

这是一片废弃的厂房，犯罪团伙头子死在了一个仓库的门口。这里一看就荒废了好久，杂草丛生，七零八落的蛛网到处都是。由于前一天下过了雨，地上泥泞不堪。这种狼狈的场景让现场看上去更加凄凉。

金一警官皱着眉头观察着。看上去像是触电死亡。死者倒在地上，手指搭在一条因为年久失修而垂下的电线上。

“应该是他雨后回到这里，不慎滑倒，没想到正好倒在了电线上，触电死亡了。” 渡边推断道。

可是金一警官没有妄下论断。他仔细观察着现场，饶有兴致地观察了一会儿那根断电线和死者的手，就开始专心研究起死者的衣着打扮来。

死者穿着普通的休闲装，脚上穿着一双新皮鞋。看来，金一警官对死者脚上的皮鞋尤其感兴趣。渡边也凑了过去，心想：“不就是双新皮鞋么，这上面有什么文章可做？死因已经很明显了，应该不需要进一步调查了。”

这时，金一警官问渡边：“你觉得他的死因是什么？”

“意外死亡吧，触电。” 渡边犹豫了一下，还是说出了自己的真实想法。

金一警官沉思了一会儿，说：“你放过了两个关键的疑点。”

“哦？鞋子吗？” 渡边顺着金一警官的目光，也开始观察鞋子，努力想找到一些信息。过了一会儿，他恍然大悟：“我明白了，这双皮鞋虽然周围也沾有泥土，但鞋底的花纹清晰可见，而且缝隙里并没有踩上泥土痕迹。这说明现场很可能是伪造的。”

“你能发现这一点，确实很不错。可是还有一个疑点，虽然不那么明显，但是非常有用。”金一警官启发着渡边。

可是，渡边观察了好久，也没看出这个金一警官口中“非常有用”的疑点。

金一警官看到渡边深锁着眉头想了许久，就直接解答了他的疑惑：“死者的手指。死者的手心向上，手指背部搭在了断掉的电线上。这看上去仿佛就是意外触电死亡的。但假象制造者忽略了一点：人的手指背触电是不会致死的，因为指背一触电，人们的应激反应会让手指的筋自动向手心收缩，这样就能一下子脱离电线。所以，由此可以推断，死者是被凶手杀害后弄到了这里，弄脏衣服和鞋子，制造了这个假现场。”

“原来如此！”渡边佩服得五体投地，“那这么看来，最大的嫌疑人就是威廉姆金融集团的投资总监了，之前的调查就显示他跟这起案子有关系。”

“没错，这次你可说对了！”金一警官赞赏地看着渡边，“立刻开始下面的调查吧！”

■ **编译/申哲宇**

睿智人生 / Intelligent Life

两位警官从死者的新皮鞋和手指上，发现了案情的关键疑点。由此看来，观察力不是虚无的东西，它来自丰富的知识和细心的发现。要想从观察中得到有用的东西，首先要确定好观察的目标，从不落下每一个细节，追根探源，一定能得到关键的东西。

培养策略 / Training Strategy

同学们，看到主人公迅速破案，你一定很羡慕他们的敏锐观察力吧！你可以有针对性地进行训练，比如找一些侦探故事来读，但不要只看看热闹，而是要根据案情，找出其中的异常之处，然后根据这些特点出发，推断案情。这样日积月累，你一定能锻炼出跟侦探一样敏锐的观察力！

找出画与景物的不同

布朗爷爷最近赋闲在家，开始喜欢上了画画。他练习了一段时间后，觉得自己的画技有所进步，就背起画板，来到家附近的小山上，找到一处美丽的风景，支起画架开始写生。没过多久，一幅美丽的风景画出现在画布上。可是，他发现好像有哪里不对。同学们，请你仔细看看，画和景物有几处明显的不同？

■ 专家悄悄话 /

同学们，这个小游戏考验的是你的细致观察能力。观察一样东西，要先从大的方面入手，注意第一眼看到的异常之处；然后仔细观察每个小细节，揪出有违常理、跟平时不同的东西。如果感兴趣，可以自己做一些“找不同”的小游戏勤加练习。

答案

一共有五处明显的不同。画上有蝴蝶，景物没有；画面前山坡的花朵和景物不同；画面后山坡无花朵，景物有；画面前山坡的角度跟景物不同；画面上的水是绿色的，景物是蓝色的。

尼泊尔的人口

人并不是生来就拥有一切，而要靠从学习中得来的东西造就自己。

父亲的出身非常贫苦，在他五年级时，家人就不顾老师的强烈反对，让他退了学。不久，父亲便去工厂里做工了。

从那以后，世界就成了他的学校。不管是什么事情，他都很有兴趣。他读所有能接触到的书、报纸与杂志。他喜欢倾听镇上人们的聊天，这样就能了解我们世代生活的这个偏远乡村之外的世界。父亲很好学，自从来到美国，他便决定让他的孩子们全都接受到良好的教育。

在父亲看来，最不能原谅的事情便是每当我们晚上睡觉时，仍旧仿佛早上醒来时一般无知。

“你们有太多的东西可以学习，”他常常这么说，“虽然出世时我们愚昧无知，可只有愚蠢的人才会永远这样。”

为了预防他的孩子陷入骄傲的泥潭，他坚持叫我们每天学习一件新事物，而晚餐时间，则是我们交换新知识的最佳时刻。一直到我们每个人都学会了一个“新知识”后，父亲才让我们开始吃饭。

吃完晚饭，父亲将椅子向后一挪，然后倒上一杯红酒，点燃一支雪茄，深深地吸上一口，吐出烟雾，接着再扫视我们。到最后，他的目光将停留在我们其中的某一个人身上。

“费利斯……”他对着我慢慢地说，“告诉我，你今天都学到了些什么东西？”

“我今天学习的内容是有关尼泊尔人口的……”

顿时，餐桌上鸦雀无声。

我一直都很奇怪，无论我说出来的是什么东西，父亲绝不会觉得繁琐。他会首先将我所说的内容仔细想一想，仿佛只要依靠了我的那句话，全世界都能被拯救了！

“嗯？尼泊尔的人口？好……”

随后，父亲看一眼坐在桌子另一边、正用她最爱的水果调红酒的母亲，问：“你是否知道这个问题的答案？”

母亲的回答总会令严肃的气氛轻松起来。

“尼泊尔的人口？”她慢慢说，“我不仅不知道尼泊尔的人口到底有多少，说实话，我连它在什么地方还不知道哩！”

当然，母亲的回答正中父亲下怀。

“费利斯，”父亲叫道，“去把地图拿过来，好让我们告诉你们的妈妈，尼泊尔究竟在哪里……”

于是，所有人都开始在地图上寻找尼泊尔的踪影……

这样的事情每天都要重复好几次，一直等到全家人都轮过一遍才算结束。因此，每次吃完晚餐，我们每个人都会增长好几种不同的知识。

只可惜，当时的我们只是小孩子，根本察觉不出父亲这种教育方式的好处。那时的我们只想走出屋去，和那些教育水平远远不及我们的小朋友一块儿玩耍、喧闹，玩踢罐子和捉迷藏的游戏。

如今，当我再次回想起来，我才明白，就在每晚的餐桌边，父亲给了我们多么生动、多么有趣的教育。在每天的不知不觉中，我们全家人一起学习，共同分享宝贵的经验，相互参与彼此的学习。而父亲则通过认真观察我们，仔细倾听我们说出来的每一句话，看重我们提出的每一个知识，从而肯定我们的价值，并渐渐培养出我们的自尊心，毫无疑问，他就是那位对我们影响深远的老师。

进入大学不久，我便决定把教师当成我毕生的事业。我在求学的时候，曾经追随过几位全国文明的教育学家。最后，我收获了丰富的理论知识、术语以及学习技巧。可让我感到意外和有趣的是，那些著名教授教会我的，可不正是父亲早就明白的事物？那就是不断学习带来的价值。

父亲明白，在这个世界上，最为奇妙的东西便是学习的能力，哪怕再微不足道的知识，也会让我们受益匪浅。父亲常说：“生命是有限的，可学习是无限的。我们想要成为一个什么样的人，关键取决于我们一生中所学习的东西。”

父亲的教育让我受益终生。直到现在，每天在我睡觉之前，仍旧会听到父亲在说：“亲爱的，你今天究竟学到了什么呢？”

有的时候，我对白天所学的东西可能一点儿都记不起来。这个时候，就算白天工作再累，我还是会坚持从床上爬起来，然后去书房找一些新东西来看。

只有做完这件事，我才能安心睡觉。只有这样，我这一天才没有白过，毕竟，谁也不知道尼泊尔到底有多少人口这个知识点究竟会在什么时候发挥作用呢！

■ **撰文**/里奥·巴斯卡丽娅　**编译**/余妮娟

睿智人生 / Intelligent Life

智慧和才能并非与生俱来，只有通过后天不断地学习与锻炼，智慧才会为你所用。文中的父亲，正是这样一位善于培养和挖掘智慧的人。在“我”的成长过程中，父亲循循善诱，将知识与实际生活结合起来，通过一种生动有趣的教育方式——利用晚餐时间交换一天所学的知识，渐渐让“我”发现学习的乐趣，并受益终生。不得不说，父亲不仅是一位称职的好父亲，更是一位睿智的人生导师。

培养策略 / Training Strategy

兴趣是成功的先导，而引发注意、深入思考则是成功的重要条件。当孩子对一件事情表现出兴趣时，家长要正确地引导他们深入思考。很多孩子喜欢玩模型，家长在陪孩子买模型、玩模型的时候，可以问一问孩子，现在市面上的模型都有哪些，最喜欢的是哪一类，喜欢的原因以及它们的优缺点等。这样，在无形之中就能培养孩子的观察能力和整合能力。

夜晚的酒吧

夜晚来临了，许多人来到热闹的小酒吧，喝喝酒、聊聊天，放松一下工作一天后的疲惫身心。今天老板不在，只有服务员在招待客人。请你仔细观察图片，然后回答下面的问题。

■ 问题／

1.下图中的人中，谁跟其他人不一样？哪里不一样？
2.图中的人中，谁比较不合常规？为什么？

■ 专家悄悄话／

同学们，仔细观察一下，你会发现其实这道题并不难。只要在生活中留心，再联系到这幅图，自然就能顺利想出正确答案了！

答案

1.服务员跟其他人不一样。无论是身份、性别还是着装都不一样。

2.吧台里红衣服的人不合常规。既然老板不在，只有服务员在招待客人，那吧台里的人就不应该是老板。而服务员明显是穿着服务生服装的人，由此推断红衣服的人只是客人。而客人不应该站在吧台里面，应该站在吧台外面。

偶然的发现

许多科学发现是偶然发现的，但也有其必然性，它们都是科学家们敏锐的观察力和日积月累的丰富知识碰撞的结果。

大陆漂移说是怎么发现的？并不是学者们“皓首穷经”的结果，而是一个名叫魏格纳的人无事可做时的偶然发现。

魏格纳有一次生病了，躺在医院里百无聊赖。病房里贴着一张世界地图，身为气象学家的他出于职业习惯，便仔细观察起这张世界地图来。

突然，他发现一个奇怪的现象：巴西的版图凸出的部分，正好和非洲西南部版图凹进去的部分相吻合。

难道古代的大陆是连在一起的？这个发现让他欣喜若狂。因为当时学术界对大陆的形成学说一直没有定论，而这个发现如果能成立，那么必将是石破天惊。

出院后，魏格纳兴致勃勃地开始了系统的研究，他搜集了许多有关大陆漂移学说的证据。

他发现美洲的东西部和非洲的西部都有生活在二十七亿年前的蜥蜴

化石，这有力地证明了非洲和美洲两个大陆曾经是连在一起的，板块漂移后，把它们的化石分别带走了，“大陆漂移说”的学说雏形由此形成了。

真的让人难以想象，一个地质学上伟大的发现竟然是在无事可做时偶然发现的。

不过偶然的伟大发现还不仅仅于此。

现在常用的抗生素——青霉素的发现，更是一个令人吃惊的巧合。

有一年的夏天，微生物学家弗莱明把葡萄球菌的细菌培养基放在桌上，就去度假了。

可是粗心的他忘记了盖上培养皿的盖子。恰好，从真菌实验室飘来了青霉孢子，落到了细菌培养基上。接下来的几天，天气比较凉爽，喜欢高温的葡萄球菌得不到生长，但喜欢凉爽的青霉孢子得以充分生长，形成了菌群，从而产生了足够的青霉素。

当气温上升时，葡萄球菌开始生长，但在青霉孢子周围的葡萄球菌被充足的青霉素杀死了。

弗莱明度假回来后，惊讶地发现青霉孢子周围的葡萄球菌消失了。他凭着敏感的职业直觉，断定青霉孢子会产生某种对葡萄球菌有害的物质，于是着手研究，发明了神奇的抗菌药物——青霉素。

后来许多科学家直接把青霉孢子放在葡萄球菌的培养基上，都没有出现葡萄球菌被青霉素杀死的情况，就是因为气温条件不合适。看来，如果弗莱明外出的那几天，气温不是先凉后热，也不会出现葡萄球菌被青霉素杀死的现象。由此看来，青霉素的发现还真是偶然中的偶然。

无独有偶，俄国生物学家鲁里耶的一个“由于无事可做”的发现也是非常偶然的。

鲁里耶在家养病时，每天饭后无事可做，便站在窗前看外面的风景。

无意中，他发现许多从街上经过的马有一个共同的特征：不论是白马还是黑马，它们的蹄毛都是白色的。

当时他并没有在意，但后来他又发现马的前额、背部和尾部常有白色的斑。

这个发现让鲁里耶感到奇怪，为什么马偏偏在这些地方会是白色的呢？鲁里耶根据生活经验，提出一个大胆的设想，会不会是因为经常摩擦而出现白斑呢？

鲁里耶病愈后，对这个设想进行了论证，发现他的猜想是正确的。动物肌体在受到外界刺激时容易分泌过多的石灰质，从而导致了那些部位出现白色的斑和毛。鲁里耶为此撰写了一篇论文，在给论文起名时，他用了一个有趣的标题：《由于无事可做》。

灵感是伟大发明的指路石，然而紧张的情绪常常会吓走灵感，而轻松的心态则会给灵感更多的空间。当然，科学家们的成功并非完全得益于偶然和灵感，他们在无事可做时依然灵动的眼睛与活跃的大脑才是至关重要的。

■ **编译**/李小青

睿智人生 / Intelligent Life

“如果说科学上的发现有什么偶然的机遇的话，那么这种‘偶然的机遇’只能给那些学以致用的人，给那些善于独立思考的人，给那些具有锲而不舍的精神的人，而不会给懒汉。”我国著名数学家华罗庚的这句话很好地诠释了科学上的偶然发现的必然性。这些伟大的发现看似偶然，实际上却与科学家时时刻刻观察、思考的习惯密不可分。

培养策略 / Training Strategy

灵感其实并不是偶然的幸运，而是蕴藏在细心的观察和善于思考的头脑中。想当一个成功的人吗？那就从现在开始培养自己的观察力和思考力吧！试着静下心来观察身边的事物，比如：阳光下的影子随着时间变化而改变，植物开花的过程，小动物的习性。然后，说说观察到的现象跟平常看到的有什么不同？把这样的习惯坚持下来，你就会培养出敏锐的观察力和善于思考的好习惯！

细节中的发明、发现

鲁班

Lu Ban

发明锯子的巧匠

据传，鲁班是我国春秋时期鲁国的巧匠。有一次，他在爬山的时候，不小心被一根丝茅草割破了指头。鲁班非常惊奇，一根小草为什么这样厉害？他左看右看，发现丝茅草的两侧有许多小细齿。他得到了启发，做出带细齿的铁片，拿去锯树，果真省了不少力。鲁班就这样发明了木工的常用工具——锯子。

牛顿

Newton，Sir Isaac

万有引力的发现者

牛顿是万有引力的发现者。当他还是小孩子的时候，一件奇怪的事情引起了他的注意：一天，当小牛顿躺在农场的大树下休息时，突然一个熟透了的苹果掉落下来，正好打在他的头上。小牛顿感到很奇怪，苹果为什么不往上跑而要往下掉呢？对于这个问题，母亲也无法给出确切解释。长大后，当上物理学家的牛顿始终记着小时候的这件事，后来，经过他的艰苦探索，终于发现了万有引力定律。

伦琴

Wilhelm Konrad Rontgen

“看到”透明的X射线

19世纪末，德国物理学家伦琴在实验室里做研究，他把阴极射线管放在一个黑纸袋中，关闭了灯源，开启放电线圈电源。这时，他突然发现一块荧光屏发出了荧光。他用书、木板、硬橡胶分别放在放电管和荧光屏之间，仍能看到荧光。伦琴意识到这可能是某种具有特别强的穿透力的射线。经过艰苦的实验后，伦琴为他的夫人拍下了第一张X射线照片，轰动了世界。

透过雨珠看树叶

生活中处处是科学，粗心的人视而不见，有心人却能从中看到精彩、得到启发。

近视的人并不是现代才出现的，古代也有很多视力不好的人。现在，眼镜店随处可见，配副眼镜不是什么难事，近视也不再是特别让人苦恼的一件事了。

可是在几百年前，没有眼镜的时候，许多视力不好的人饱受看不清东西的痛苦。

第一副真正意义上的眼镜出现在意大利，它的发明者是一个名叫萨尔沃·德格里阿买提的人。

不过，说起眼镜的诞生，我们不能不提到一个人，他就是13世纪时英国的著名学者——培根。

培根是英国文艺复兴时期著名的文学家、哲学家。同时，善于思考的他也是一名自然科学的爱好者，并在这个领域取得了一些重大的成就。

平时，培根很喜欢自己动手做一些小玩意儿。

在当时的英国，视力不佳的人非常多。培根看到许多人因为视力不好，看不清书上的文字，就想发明一种工具，来帮助视力不好的人阅读。

为此，他想了很多办法，埋头做了不少试验，可是结果总是不理想。他为此很是苦恼。

一天雨后，在书房待了很久的培根来到花园里散步，想呼吸一下新鲜空气，换换脑子。

他慢慢地走着，一边走一边看着周围的风景，看到感兴趣的东西，就停下脚步仔细观察一阵儿。

突然，培根看到花丛中的蜘蛛网上沾满了晶莹剔透的雨珠。

“真是漂亮啊！”培根忍不住惊叹道。

培根弯下腰来仔细观察，忽然，他发现了一个奇怪的现象：透过雨珠看后面的树叶，叶片上的脉络放大了不少，连树叶上细细的毛都能看得一清二楚！

这个现象让培根欣喜万分：这么清楚！那能不能用类似的东西做成工具，来帮助视力不好的人看清东西呢？

想到这里，他立即跑回家中，翻箱倒柜，找出了一颗玻璃球。但是，透过玻璃球看书上的文字，只是一片模糊。

培根思索了一会儿，又找来了一块金刚石和锤子，将玻璃球切割开来。然后，他拿着其中的一半玻璃球靠近书一看，文字果然被放大了！

试验的成功令培根感到欣喜万分，他决定将他的发现运用到实际生活当中。

他用不同厚度的玻璃球反复进行实验，终于找到了比较合适的厚度。用这种玻璃制品放在书上，既能使文字放大，又不会产生严重的变形。

培根自己使用后，发现这种东西容易被弄脏，而且可能会割到手。于是，他找来一块木片，在中间挖了一个圆洞，将玻璃片镶嵌在中间。然后，他给木片装上了一根柄，便于手拿。

这样，一种能辅助视力不好的人们阅读的镜片就做好了。这种镜片受到了很多人的欢迎。

后来，这种镜片经过日后的不断改进，终于形成了人们现在所佩戴的眼镜。

虽然培根发明的还不能算是真正意义上的眼镜，但他的发现却给后来的人提供了一种十分有用的思路。所以说，培根为眼镜的最终发明做出了巨大贡献。

培根长期埋首于实验中没能成功，反而是生活中一滴小小的雨珠给了他巨大的启发，终于有所收获。

所以说，任何时候都不要忽视生活，生活是灵感的源泉。

当灵感到来的时候，我们更不要让灵感稍纵即逝，而应该紧紧抓住灵感，在反复地实践与不断地思考之中，伟大的发明很有可能就由此而诞生了。

■ **编译**/康文笠

睿智人生 / Intelligent Life

培根从生活中的一个小现象得到启发，看到了对自己做实验有用的东西，顺利解决了实验难题。你是生活中的有心人吗？看到科学家们的发明、发现，看到同学们富有灵气的小发明，你是不是非常羡慕？其实，在生活中细心观察、用心思考，你也可以做到。

培养策略 / Training Strategy

生活中的很多事物都包含着丰富的科学知识。同学们，你知道身边的生活用品都用到哪些科学知识了吗？试着观察一下指甲刀的构造，你能看出它的设计原理吗？如果不明白，就去问一问爸爸妈妈或老师。像这样，在生活中多积累，你也能变成科学小天才！

雷电小实验

同学们，你肯定见过打雷和闪电吧！你想不想自己做个小型雷电来玩呢？试一试，想想其中的科学道理是什么。

准备材料

1.一块塑料泡沫
2.一根长约五厘米的钉子

实验步骤

1.关上屋子里的灯。一只手拿塑料泡沫，另一只手拿钉子。
2.用泡沫跟你的衣服或头发摩擦半分钟。
3.慢慢地将钉子接近塑料泡沫，当钉子的尖头接近塑料泡沫时，你会听到轻微的“噼啪”声。

现象解释

摩擦塑料泡沫时，泡沫获得了电荷。当钉子的尖头接近塑料泡沫时，塑料泡沫所带的电荷向钉子的方向集中，而当电荷聚集的数量多到一定程度时，塑料泡沫就会向钉子尖头一端释放电荷。释放的过程也是加热空气的过程，空气会发生小型爆炸，从而产生“噼啪”声。如果室内相当干燥，而释放的电荷又足够强烈，我们还能看到火光。

专家悄悄话

闪电是大气云团中发生放电时伴随产生的强烈闪光现象。雷声是云层撞击、电流击穿气体后发生的声音。你可以看到，有闪电的时候，空中肯定有乌云。这个小实验就是模拟了雷电的产生过程，亲自动手不知不觉就学到了科学知识，是不是很棒?

“玩出来”的望远镜

望远镜有非常广泛的用途，小到玩具，大到军事、天文。可是你能想到吗，最初的望远镜竟然是孩子“玩出来”的。

望远镜是人们视力的延伸。有了望远镜，传说中的“千里眼”已经不再是神话。

可是，谁能想到，发明望远镜的人，竟然是从小孩儿的玩耍中得到的启示。

17世纪初，在荷兰的米德尔堡小城，有一个叫利珀希的眼镜匠。他有三个调皮、可爱的儿子。可是，忙碌的眼镜匠并没有太多时间陪孩子们，他几乎整日都在忙忙碌碌地为顾客磨镜片。

令他自豪的是，他店铺里的镜片琳琅满目，能给来配眼镜的顾客提供丰富的选择。当然，被丢弃的废镜片也不少，那些堆在角落里的废镜片成了眼镜匠三个儿子的玩具。

一天，三个淘气的孩子在阳台上玩耍，小弟弟发明了一种新的玩废镜片的方法：双手各拿一块镜片，前后比划着看前方的景物。突然，令他惊讶的现象出现了：远处教堂尖顶上的风向标变得又大又近，看上去一清二楚，就好像近在眼前一样！

他欣喜若狂地喊了起来，两个小哥哥也凑了过来。听完弟弟的描述，他们争先恐后地夺下弟弟手中的镜片，观看房上的瓦片、门窗、飞鸟……

太令人不可思议了！它们都很清晰，仿佛是近在眼前。三个孩子把周围的东西几乎看了个遍，兴奋地跑到爸爸面前，叽叽喳喳地对他说了这个令人兴奋的现象。

利珀希听了孩子们的话，感到有点不可思议。他半信半疑地照儿子说的那样，拿着一块透镜放在眼前，又拿了另一块透镜放在前面，手持镜片轻轻地移动调整，当他把两块镜片对准远处景物时，利珀希惊奇地发现，远方的东西好像变近了！

很快，这个有趣的现象被邻居们知道了，他们纷纷来观看，果真是这样。大家都对此感到惊异。

没多久，这个消息就传开了。米德尔堡的市民们纷纷来到店铺要求一饱眼福。甚至有不少人愿意以一副眼镜的价格买下这种镜片，以便拿回家长期独自享用。结果，没用的废镜片竟然成了炙手可热的宝贝。

受此启发，颇具经济头脑的利珀希意识到：这桩买卖确实有利可图，于是向荷兰国会提出了发明专利的申请。

1608年，国会审议了利珀希的申请专利后，并没有立刻通过，而是给予了利珀希回复意见：一是应该把这个东西加以改进，最好能够用两只眼睛进行观看；二是“玩具”只是笼统的大类别，申请专利的话，这个玩具应有具体的名称。

利珀希很快照办了。他在一个套筒上装上镜片，并把两个套筒并排连在一起，满足了人们双眼观看的要求。另外，经过冥思苦想，他给这个玩具取名为“窥视镜”。

这一年，经改进后的双筒“窥视镜”发明专利获得了政府批准，国会还发给他一笔奖金。

新奇的事物总是能很快地被人们传播。

1609年，意大利天文学家、物理学家伽利略收到了一个朋友的信，信中说，有个荷兰眼镜商制造了一种“窥视镜”，利用不同镜片的组合可以看清远处的景物。

伽利略立刻意识到这种东西在天文学上的应用价值，立即开始集中精力研究光学和透镜。经过反复琢磨后，他将镜片安装在铜筒的两端，再用一个支架固定住铜筒。最初望远镜只能放大三倍，后来经过伽利略的不断改进，望远镜能够放大三十二倍——第一台天文望远镜就这样问世了。

接下来的时间里，伽利略用这台划时代的天文仪器进行了很多天体观测，得到了一系列重大的天文发现。1610年，他在威尼斯出版了《星空使者》一书，揭示了这一系列重大的天文发现，轰动了欧洲。望远镜也开始被人们渐渐熟知。

到现在，望远镜经过不断地改进，衍生出不同的种类。谁能想到，三个孩子的无心之举，竟然成就了一种伟大的发现！

■ **编译/**贾宝花

睿智人生 / Intelligent Life

三个孩子的无心发现，给了眼镜匠发明玩具的灵感；广受欢迎的“玩具”，给了伽利略观测星空的灵感。两片废镜片，在不同人的眼睛里，不断演化，最终变成了富有强大实用价值的望远镜。看来，“玩”的兴趣是成功的引子，而独到的观察和不断的思考，则是成功的铺路石。

培养策略 / Training Strategy

许多发明创造都包含着偶然因素，科学家能够凭借自己的观察，从这些偶然中获得启发。家长可以随时随地地训练孩子的这种能力，比如在孩子玩万花筒的时候，给孩子讲解万花筒的原理；在孩子问问题的时候，不必直接回答，而是给予启发，让孩子根据自己的观察得出结论。

自制望远镜

夏天的景色真是太漂亮了！如果能有一架望远镜，那就可以看到远处的美景啦！现在，不妨自己动手试着做一架望远镜吧，跟小伙伴一起去观察美丽的景色吧！

准备材料 /

1.两个放大镜
2.一张稍硬实的白纸
3.一瓶胶水

实验步骤 /

1.现在用一个放大镜看远方，可以看到远方的景物呈倒立状。
2.把白纸卷成圆筒状，用胶水把纸的一头粘在一个放大镜上，另一头粘在另一个放大镜上，望远镜就做成啦！
3.用自制望远镜观看远方的景物，会发现远方的景物仍呈倒立状，但明显比肉眼看上去的要大得多。

专家悄悄话 /

望远镜的目镜和物镜都是凸透镜，光线经过凸透镜折射后，所产生的影像为放大的倒立虚像。因为物体经过了两个凸透镜的折射，所以远方的景物被放大了许多。同学们，不要只顾玩，制作过程中要仔细观察、用心思考，才能有所收获哦！

智障画家的传奇

在专注这一点上，我们应该向这个智障儿童学习。提高专注力，才能造就智商天才。

一个智障孩子，很多人都不会喜欢，包括他的父母。他整天哭闹，并且做出吓人的模样，身体不停地扭动，没有人能够让他停下来。父母必须全天照顾他，否则他会破坏家里的一切。他每天只睡三个小时，而且还会突然醒来。

有好几次，他的父亲都想把他送到社会福利院，可毕竟血浓于水，父亲总是无法下定决心。

孩子六岁的时候，还说不好一句话，连背诵一个单词都十分困难，而且他开始不愿见生人。医生诊断后告诉他的父母："可怜的孩子，他得了自闭症。"没有人能教育他，家人只得求助于康复中心。于是，父母把他带到一家儿童教养中心。

可是，那里的老师也无法管教他，因为他不停地在课堂上尖叫，让其他孩子惊吓不已。他的手不断地在玩东西，一刻也不休息，连睡觉的时候

也在动。老师说这样的孩子没救了，让他自生自灭吧。

有一天，孩子发现地上有一支水笔，就用它在地上画了一道线。然后，他不停地玩着这支水笔，不断地在地上画着线条，没有人阻止他这么干。第二天，他继续画。细心的老师发现了他画的这些线条，不禁惊呼道："天哪，他竟然会画画。"

其实，这些线条并不是画，只是一个智障儿童能画出圆形、方形的线条，足以让人惊讶。老师没有像往常一样夺走他手中的东西，而是在地上铺好白纸，让他在纸上画；又给他不同颜色的水笔，让他尝试着用它们。这个孩子就一直抓着他的水笔，除了睡觉之外的时间都在作画。没有人指导他，他的世界里只有他自己和水笔。

十年后，他的画被人拿到了拍卖会上，结果意外地卖出了，而且还被许多资深画家看好。 他就这样一举成名。他的名字叫理查·范辅乐，是一名苏格兰人。他的作品在欧洲和北美展出过一百多次，已卖出一千多幅，平均每幅的售价是两千美元。

现在，许多人都会感叹一个智障孩子竟然可以成为画家，但谁都忽略了这样一个细节：画画的时候，他眼里没有其他的诱惑和干扰，只有他的水笔，即使在吃饭的时候他还握着它。这有几个正常人能做到？

■ **编译/王 瑛**

睿智人生 / Intelligent Life

很多人都想着快速成功，于是，东闯西撞，朝三暮四，结果到处碰壁。其实，与其贪多务得，不如静下心来，简单地、认认真真地做好一件事。一旦你能做到这一点，有了高度的专注力，你就掌握了成功的秘诀。

培养策略 / Training Strategy

看到别人做出的成绩时，你不必羡慕。只要集中注意力地做事，你也能像他们一样成功。你可以聚精会神地读完一本杂志，可以一口气做完一页习题，也可以认真临摹出一幅画……先从较为简单的目标开始，渐渐就能训练出超强的专注力。别等了，从今天就开始尝试吧！

扣子游戏

你是不是很容易被周围无关的事情分散注意力？现在，跟爸爸妈妈一起来玩一下注意力小游戏吧！

准备材料 /

三种颜色的扣子、马克笔

游戏步骤 /

第一关：

选出两种颜色的扣子，每种颜色各五个。妈妈随机拿出其中两个，用马克笔在一面做上记号。等笔迹干了后，让孩子看好这两个扣子，然后扣过来，跟其他扣子混在一起，打乱顺序。动作停止后，让孩子说出刚才的两个扣子分别是哪个。

第二关：

选出三种颜色的扣子，每种颜色各五个。妈妈在三个扣子上做好记号，其他步骤跟第一关一样。

第三关：

随机选出三种颜色的扣子，共十五个。妈妈在三个扣子上做好记号，其他步骤跟上面一样。在打乱顺序的过程中，爸爸在旁边发出声音、做出动作进行干扰。

专家悄悄话 /

这个小游戏能逐步锻炼你集中注意的能力。如果你能走到第三关，那么恭喜你，你的注意力已经很了不起了！如果没走到，也不必灰心，在生活和学习中多多锻炼，一定能成功的！

2 找到成功之路

——培养思考力和分析力

思考力和分析力是聪明大脑最重要的要求。每一个智商天才，都拥有过人的思考力和严密的逻辑分析力。要锻炼这两种能力并非易事，它需要丰富的知识积累和活跃的思维训练。

从本章跌宕起伏的故事中，你能感受到思考力和分析力的迷人魅力；从趣味横生的小游戏中，你会一点点锻炼出过人的思维。准备好了吗？翻开这一页，去体会IQ别样的魅力吧！

别具匠心的磁性剪纸

她用自己的智慧书写着青春的梦想，让传统的剪纸华丽变身为新的时尚装饰品。

剪纸是中国传统文化的瑰宝，很多人都很喜欢，但是它容易撕破和褪色，不容易保存。而杭州师范大学的一名叫王子月的女大学生改善了这一点，发明了一种磁性剪纸。

王子月生于山西晋城，她的父母都在机关工作，一家人都喜欢搞些小发明。山西的剪纸全国有名，王子月就是看着大人们剪纸长大的。

据王子月的父亲说，磁性剪纸的发明有些偶然。当时一个亲友结婚，王子月帮忙装饰婚车。她发现传统剪纸虽然非常好看，但粘贴起来非常麻烦，稍不注意就会撕断，不容易贴上。

而且这种剪纸一旦贴过，就没法再利用了，王子月觉得这简直太浪费了。

于是，细心的王子月动起了自己改进传统剪纸的念头。她把自己的想法告诉了父母——想发明一种既不破坏剪纸的艺术效果又便于收藏的剪纸。

开明的父母都表示非常支持她的尝试，并给了她很多有价值的意见。

经过反复试验，王子月终于找到了一种特殊的磁性材料来代替传统的剪纸材料。

用这样的材料剪出的艺术剪纸很容易吸附、粘贴在金属物品和玻璃等光滑物品上，并且不会破坏剪纸。

磁性剪纸发明之后，王子月的父亲王龙意识到这种发明会有很大的市场，于是很快就申请了专利。

专利的获得让王子月有了很大的成就感，她开始思索如何把这种发明投放市场。

2008年，王子月参加完高考，刚收到杭州师范大学录取通知书的她，又得知了一个好消息：因磁性剪纸将中国的传统剪纸文化与现代的科技元素巧妙地融合在一起，符合北京奥运会“科技奥运”的理念，所以被选为山西省的代表，在北京奥林匹克公园“中国故事山西祥云小屋”展示。

于是，在2008年北京奥运会期间，王子月来到了北京，代表山西向中外游客展示磁性剪纸艺术。

令她惊讶的是，磁性剪纸非常受欢迎，一时间，很多体育明星的肖像剪纸成了抢手货。

王子月从游客们赞叹的目光中看到了磁性剪纸蕴藏着的巨大商机，她暗下决心，要把这一专利转换成创意文化产业，做大做强。

磁性剪纸是个创意产品，它提倡自己动手、创新，并且操作简单、成本低廉，便于使用和收藏，可以用作节庆用品、纪念品和艺术藏品等。

2008年9月，王子月成了杭州师范大学的一名新生。在学校里，依托磁性剪纸等几项专利，王子月组建起了自己的“飞点儿”磁性剪纸创业团队，尽情地展现着自己的才华。

2009年，她与同样抱有创业梦想的同学共同创立了磁性剪纸文化创意公司。

同年，以“励志、成才、就业、创业”为主题的浙江省大学生职业生

涯规划大赛开幕了，王子月带领她的磁性剪纸团队参加这一比赛，他们与全省推选出的三百余件作品展开了竞争，并最终获得了此次大赛的最高奖。

同年年底，王子月又率领磁性剪纸文化创意公司参加了杭州经济技术开发区“大学生创业训练营暨创业大赛”，并获得了第一名，领取了一万元创业资金援助。

不仅如此，主办方还在杭州环境优美的滨江区为王子月提供了免两年租金的写字间。

在不到一年的时间里，王子月就赚了三十余万元，成为同龄人眼中的创业新星。

■ **编译/谢露静**

睿智人生 / Intelligent Life

二十出头的女孩儿成为创业明星，大家都看到了她的成功，可是其中的辛苦，又有几个人知晓？磁性剪纸的发明并不是偶然的幸运，而是对传统剪纸的优缺点深入思考、对新材料做的反复实验才得出的结果。只有付出了深入的思考和尝试，才能抓住“幸运之神”的双手，到达成功的彼岸。

培养策略 / Training Strategy

只有抓住事物的明显不足，进行改进，才能得到最好的结果。比如你觉得自己写作业效率低下，就可以深入地分析一下，找出几个原因，抓住最明显的那一个。如果是注意力不集中，就去除掉干扰注意力的因素，专心致志地完成作业；如果是上课时学得不够扎实，遇到不会的问题太多，就记下来，请教老师和家长，努力解决，以后遇到类似的问题就不怕了。

杯子排一排

小宇的爸爸和妈妈都是学校的老师，总喜欢用一些小游戏考一考小宇的动脑能力。周末这天妈妈又开始了她的“智力小考堂”。她让爸爸拿来了六个杯子，放在桌子上。然后在前面三个倒满了水，后面三个空着。妈妈笑着问他：“你能移动最少的杯子，就让盛满水的杯子和空杯子间隔起来吗？”小宇是学校里有名的“小机灵”，他只想了一会儿就做到了。同学们，你们想到了什么办法？

几种方案 /

A.动五个，打乱顺序，重新排列。
B.动两个，把第二个杯子跟第五个杯子调换位置。
C.动一个，把第二个杯子的水倒入第五个杯子。

点评 /

选A的同学：你没有抓住问题的关键点，再仔细想一想！
选B的同学：你做得很不错，但还有一种更好的办法，再接再厉，努力想一想！
选C的同学：恭喜你，你很好地抓住了最关键的地方，真是个高智商的小天才！

专家悄悄话 /

同学们，这个问题其实并没有你想象中那么难。仔细观察一下杯子的排列状况以及题目的要求，你就能抓住关键点——第二个杯子和第五个杯子。在“挪动两个杯子”的基础上再进一步思考，就能得出最准确的答案了。

聪明长老断案

聪明的长老用铁一般的事实证明了农民不可能多拿金币，一举戳破了商人的谎言。

江户时期，社会等级非常明显，许多有钱有势的人十分骄横、傲慢。有一天，一个富裕的商人在街上兜风。

忽然，一个装得鼓鼓囊囊的钱包从他的口袋中滑了出来，掉到一边的马路上，但是商人正在兴致勃勃地看着风景，玩意正浓的他丝毫没有觉察到异常。

过了一会儿，商人觉得有些疲惫，想回家时，突然发现钱包没了，于是连忙回头寻找。

商人的钱包被一位好心的农民捡到了，他打开一看："哇！这么多金币！足足有好几十枚呢！失主一定会很着急吧，我得赶紧找到他，把钱包还给人家。"

可是附近的人们不是在匆匆赶路，就是悠闲地聊天，没有人看上去像丢了东西的样子。

农民正在着急地寻找失主，突然看见那位商人急匆匆地走了过来，还在地上到处张望，看上去是在寻找什么。

好心的农民便问他："老爷，你在找什么？"

商人回答："我的钱包丢了，我正在找。"

好心的农民马上把钱包还给了商人。可是，商人见农民老实、好欺负，便想趁机敲诈他一笔。

他打开钱包，装模作样地数了数金币，然后恶狠狠地威胁那个农民说："我的钱包里装了七十枚金币，现在只剩下六十枚了，肯定是你自己偷偷拿走了！你快把拿去的十枚交出来，要不然我就对你不客气了！"

农民怎么也没想到这个商人会反咬一口，他气得不行，大声地为自己辩解道："我没有拿金币！我只打开这个钱包看了一眼，一看这么多钱，就开始寻找失主，哪有什么心思自己私藏呢！"

商人依旧不依不饶："那如果不是你拿的，我钱包里的金币怎么会少了呢！"

"说不定是谁在我之前先捡到过，拿走了十枚金币，真的与我一点关系都没有！"农民生气地喊道。

"怎么可能，如果别人捡到钱包想拿金币，何必只拿十枚？肯定是你这个滑头跟我耍花招！"商人蛮横地打断了农民的话。

渐渐地，周围的人都围了过来，看着他们议论纷纷。

"这个人不像坏人呀，怎么会偷拿金币呢？"

"我看是这个商人诬陷他吧！"

"人不可貌相，说不定这个人空长了一副老实的外表呢！"

围观的人群纷纷议论起来。

"大家给评评理，我捡到钱包好心还他，却被诬陷……"

商人蛮不讲理地打断了农民的话："别跟我废话！你再不承认，我就带你去见长老，让他处置你！"

于是，蛮横的商人拉扯着农民，把他带到了村子的一位德高望重的长老那里。

长老听了他们各自的陈述，心想："要是这个农民贪心，就不会还给商人钱包了，又何必要多拿十枚金币呢？"

长老又打开钱包看了看，六十枚金币鼓鼓囊囊地塞在里面。他心想："这个钱包看上去已经很满了，不要说再装十枚金币，就是再装进一枚也很困难，一定是这个商人仗势欺人。”

想到这里，长老心中有了主意，开始裁决。

长老另外拿出十枚金币交给那个商人，说：“请你把这十枚金币装进钱包。”

商人费尽了所有的力气，想把金币塞进钱包，可无论他多么努力，都塞不进去。

长老见此情形，拿过钱包，交给农民，说：“很明显，这钱包是你的。老爷的钱包大，能装七十枚金币，而这只钱包只能装六十枚金币。老爷，你还是到别处找你的钱包去吧！”

商人偷鸡不成反蚀一把米，只好自认倒霉。

■ **编译/**申哲宇

睿智人生 / Intelligent Life

假设钱包能多塞进十枚金币，那就是农民偷拿了金币；但事实是钱包塞不进另外十枚金币，那么就证明农民没偷拿金币。这个做法看似简单，实际上却包含着丰富的逻辑推理方法。某些思考和推理方法看似简单，却在生活中有广泛的应用，不过只有多用心才能发现。

培养策略 / Training Strategy

这个聪明的长老在断案时用到了反证法。反证法是一种论证方式，首先找出一个在原命题的条件下不成立的结论，假设它成立，然后推理出跟已知条件明显矛盾的结果，从而下结论说原假设不成立，原命题得证。多运用这种方法思考问题，能锻炼孩子的逻辑思维能力。家长在生活中要注意训练孩子运用这种方法的能力，比如一家人去看画展，画展人很少，可以引导孩子逐步用反证法推断出是交通因素、天气因素还是画展本身质量的问题。

逻辑大迷宫

看一看下面这道题目，开动你的逻辑思维，相信你一定都能做出来！现在就进入逻辑大迷宫探险吧！

■ 问题 /

有四台天平（如图），天平上分别放着橙子、菠萝、草莓和葡萄。前三台天平两边的重量相等。请问：要使第四台天平的两边保持平衡，应该在天平的右边放什么呢？

■ 专家悄悄话 /

已知这道题中有四种水果，可以选一个水果作为衡量标准，通过等式代换，就能算出答案了！同学们，运用逻辑思维并不难，找到一个突破点，顺着思路做下去，自然就会得出结果了。

答案

分析思路：观察前三台天平，可知：如果一个草莓的重量为1，则每个菠萝的重量为10，每个橙子的重量为7，每串葡萄的重量为6。第四台天平的左边放着一个菠萝和两个草莓，总重量为12，这样，在天平的右边放上两串葡萄，天平两边就平衡了。

都市里的悬崖

- 都市里高耸的“悬崖”，既给攀岩者带来便利，又给建造者创造收益，这种两全其美的建筑是善于思考的结果。

日本最大的帐篷商、太阳工业公司的董事长能村先生由于业务扩张需要，想在东京找一座大厦作为销售大厦。

但是东京的写字楼租金非常贵，而且一直在增长。能村先生产生了自己建一座销售大厦的想法。

但是，这个想法一提出来，就在股东中引起了不小的反应。有的人赞成，觉得这是个一劳永逸的办法；有的人反对，说前期投入实在太大了。

“如果不建造大厦，而是租用大厦，那么租金折合下来是一笔不小的数目。而且以现在的经济状况来看，租金应该只增不减，时间一长，对我们集团来说是个不小的负担。我看还是赞同能村先生的建议，自己建一座吧！”

“对呀，而且租用大厦的话，可能还会因为许多外界变动，导致搬家，多麻烦呀！”

“你们想得太简单了，东京现在可是寸土寸金哪！算一算建造大厦的成本，那将是多大一笔数目呀！这个资金至少在近几年内是收不回的！”

“不仅如此，而且维持大厦每日运行的钱也是一笔不小的开支。这样看来，我们前期投入太大了，风险太大。”

众人各执己见，争论不停。这时，能村先生没有加入大家激烈的讨论，反而在一旁陷入了沉思。

“对呀，两方面说得都有道理。那么，能不能找到一个两全其美的办法，在盖楼的同时，又用它来创造收入呢？”能村先生的脑海中浮现出一个新的念头。

这个诱人的想法一旦冒出来，就占据了能村先生的整个大脑。他开始思索各种可行的办法。

万事就怕有心人。能村先生开始关注生活里的一些热点问题，并用心地搜集和整理。

当时，攀岩热正在日本兴起，而且还有着蓬勃发展的态势，许多年轻人一到周末，就驱车到郊区的攀岩俱乐部挥洒汗水，给疲惫了一周的身体充充电。

这让能村先生茅塞顿开：攀岩运动如此热门，为何不建一座都市悬崖，满足那些喜爱攀岩的年轻人的爱好？

为此，他又做了进一步的调查。结果很令他满意：许多年轻人表示，如果市内有好的攀岩地点，很愿意省下到郊区的时间和劳顿，选择在市内休闲。更有很多攀岩发烧友表示，愿意在平时下班后攀岩，作为一项锻炼。

这些有价值的消息令能村先生欣喜万分：只有利用好这些，才能帮助自己的公司打开销路。

当销售大厦建好以后，能村先生经过调查研究，又邀请了几位建筑师反复研讨，决定在大厦的外墙加一点花样，改建成一片悬崖绝壁的样子。

这座大厦有十层楼高，经过改造，其高度完全可以满足作为攀岩练习场的需要。

半年后，一片种植着鲜花与青草的悬崖，便昂然矗立在东京市区内，仿佛是一个意趣盎然的世外桃源。

练习场开业那天，几千名喜爱攀岩的年轻人兴高采烈地聚集此处，纷纷过了一把攀岩瘾。

在东京市区内出现了以前只有在深山峻岭里才能看到的风景，一下子吸引了人们的目光，每日来此观光的市民不计其数。而一些外地的攀岩爱好者听说了这个消息后，也不辞辛苦，特地来东京一显身手。

接着，能村先生又恰到好处地把握了这种轰动效应，在大厦的隔壁开了一家登山用品专卖店，生意也非常好。

■ **编译/喻寒菊**

睿智人生 / Intelligent Life

基于对生活的关注和思考，能村先生想到了“都市悬崖”这一点子，既符合了喜爱攀岩的年轻人的需要，又为自己带来了丰厚的财富。这种精神值得我们学习，看来成功者的聪明才智并不是与生俱来的，而是在生活的积累和积极的思考中形成的。

培养策略 / Training Strategy

聪明的孩子善于分析思考，把社会上的热点跟生活结合起来。家长们在生活中可以着重培养孩子的这一能力。比如在小发明比赛中，引导孩子把“环保低碳”这一理念融入到作品中，进行废物改造，或者发明家庭节水小装置等。相信孩子在这一过程中表现出的创造力一定会让我们惊讶！

别具一格抵达成功彼岸

■ 伊莎朵拉·邓肯 | Isadora Duncan 现代舞的先驱

美国著名的舞蹈家邓肯，是现代舞的先驱。邓肯非常有舞蹈天赋，六岁就能教小伙伴跳舞。但是，喜爱舞蹈的邓肯对刻板的古典芭蕾非常反感，她立志要创造一种新的、富有自然美的舞蹈方式。她从绘画和自然界中找到了灵感，独创了一种全新的舞蹈表现方式——穿长衫，赤着脚，表现轻灵自然之美。那个时代，正是资本主义蓬勃发展的时期，人们追求自由和个性，邓肯的舞蹈一出现就受到了广泛的欢迎。

■ 马云 | Ma Yun 独具慧眼创立阿里巴巴

20世纪末，中国互联网第一次浪潮达到了顶峰。但是中国企业家马云并没有跟风，而是看到了当时还是新生事物的“电子商务”的潜力。有一次，马云参加一个亚洲电子商务研讨会，看到大部分演讲者和案例都来自西方国家。这给了他很大的触动，他决心开创中国自己的电子商务模式。“阿里巴巴”就这样诞生了，并迅速成长为国内知名网站。

■ 张爱玲 | Zhang AiLing 别树一帜的女作家

张爱玲是中国现代著名女作家。她从小就表现出独特的文学才华，年纪轻轻就发表了许多优秀的作品。这个年轻的女作家因其极富个性的作风和独具特色的作品广为人知，她的代表作有《倾城之恋》《半生缘》《红玫瑰与白玫瑰》《流言》等。她充分利用各种新兴杂志和社交活动，为自己的文学创作打开了一片新的天地。

机遇之门

强大的学习能力也是高智商的体现之一。当你面对新知识时，不要选择放弃，相信你自己，用心去思考、学习，你一定会掌握它！

卡罗·道恩斯原是一家银行的职员。他做了一段时间后，发现工作已经得心应手，而且时间一长，甚至有些单调无聊。他开始思索：这样的一份得不到自身提升的工作，是否还有继续下去的必要？是不是到了该放弃的时候？

众人都劝他：这么安逸的工作，为什么要辞职呢？有保障还不太累，这样好的工作哪里找？

但他觉得，“好”工作并不仅仅是轻松、安稳的工作，而是能充分发挥出自己才能的工作。

经过慎重的思考，道恩斯毅然辞职，来到杜兰特的公司工作。

杜兰特的公司是一家汽车公司——就是后来声名显赫的通用汽车公司——但在当时，杜兰特的公司仅仅处于起步阶段，并没有太大的名声。

道恩斯很快就投入了新的工作，他很喜欢这份工作，做起事来也非常有激情。

工作六个月后，道恩斯想了解杜兰特对自己工作优缺点的评价，于是给杜兰特写了一封信。

道恩斯在信中问了几个问题，其中最后一个问题丝毫不掩饰自己积极的态度和升职的野心：“我可否在更重要的职位上从事更重要的工作？”

杜兰特对前几个问题没有作答，只就最后一个问题做出了回答：“现在，任命你负责监督新工厂机器的安装工作，但不保证升迁和加薪。”

杜兰特将施工图纸交到道恩斯手上，要求说：“这是图纸，你要依图施工，看你做得如何！”

道恩斯从未接受过这方面的任何培训，但他明白，杜兰特是在在考验他。这是个绝好的机会，不仅直接关系到他这次能否升职，还关系到他以后的职业生涯，决不能轻易放弃。

面对完全陌生的图纸，道恩斯没有丝毫慌乱，他先是认真地钻研图纸，掌握了大概的内容；又把重点的地方和不明白的地方标记了出来，找专业人员请教。

这样“自学”一遍之后，他又找到负责项目的相关人员，一起做了缜密的分析和研究，透彻地理解了这项图纸的规划和新工厂的结构布局。

在掌握了这项工作后，道恩斯就开始着手进行实际的布置。工作过程中，他丝毫不马虎，遇到不懂的地方就及时请教专业人士，不允许自己有任何一点疏忽。

就这样，道恩斯完美地完成了公司交给他的任务，而且还比预料中的提前了一个星期。

当道恩斯去向杜兰特汇报工作时，刚走到杜兰特的办公室门口，他突

然发现紧挨着这个办公室的另一间办公室，门上方写着：卡罗·道恩斯总经理。

这个时候，杜兰特从自己的办公室走了出来，指着隔壁的办公室告诉他：“恭喜你，你已经是公司的总经理了，而且年薪是原来的数目后面添个零。”

道恩斯又惊又喜，他没想到杜兰特连他的项目汇报都没听，就决定给他升职。

杜兰特对卡罗·道恩斯说：“给你那些图纸时，我知道你看不懂，但是我要看看你处理问题的方法。结果我发现，你善于学习、能把团队紧紧团结在一起，是个领导人才。你敢于直接向我要求更高的薪水和职位，这是很不容易的。我尤其欣赏你这一点，因为机会总是垂青那些主动出击的人。”

■ **撰文/马　德**

睿智人生 / Intelligent Life

道恩斯之所以敢于向杜兰特要求更高的薪水和职位，是因为他把现有的工作做得很好，并毫不掩饰自己的进取心。而在接到完全陌生的新任务时，道恩斯并没有马虎应付，而是在短时间内付出了艰辛的学习、巨大的努力。这种成功来之不易，也当之无愧。这提醒我们，叩响机遇之门需要的不仅是勇气，更是不断学习、进步的能力。

培养策略 / Training Strategy

善于不断地思考与学习，才能在机遇来临时好好把握住。亲爱的同学，你也想成为能把握机遇的聪明人吗？那就在生活中多多思考、学习吧，遇到你觉得很难做到的事时，不要先打退堂鼓，而要先去想想怎么才能做好。思考、尝试、学习，这样坚持下去，你就会培养出强大的学习能力，为以后抓住机遇做出准备。

如何卖西装

有一个老富翁，想从三个儿子中选出一个作为他庞大家业的继承人。三个儿子平时表现都不错，他有点为难。后来，富翁想出了一个主意：分别给三个儿子一批西装，让他们同去一个偏远的地方推销，谁的西装卖得快、赚的钱多，谁就是继承人。三个儿子带着西装来到了这个地方，却发现这里的人穿着特别不讲究，更别提穿什么西装了！看看他们的对策，你支持谁？

三个人的对策 /

大儿子：这里根本没有市场，我还是回家吧！实在不行，换个地方卖掉西装吧！

二儿子：爸爸已经给我们任务了，虽然不太可能卖出去，但也试一试吧！租个小店面，卖出几套算几套吧！

小儿子：这个地方的人都不穿西装，直接推销应该效果不大，我雇几个人穿着西装进行走秀吧，吸引大家的目光，然后在店里展开西装试穿以及西装相关知识的宣传等活动，相信很快就能把西装卖出去了。

点评 /

赞同大儿子的同学：这个想法有点消极哦！你没有看到潜在的机遇，再深入分析一下吧！

赞同二儿子的同学：想努力完成任务，值得表扬。但是这种方法，卖出多少西装只能靠运气哦！你能想一个更有效的办法吗？

赞同小儿子的同学：你很棒！能够看到潜在的机遇，并且把生活中学到的知识化为己用，牢牢地抓住机遇！

专家悄悄话 /

这个小游戏不仅考验了你独到的眼光，还考验了你学习“推销”的能力。其实，生活中的考验比比皆是，只有善于思考，勤于学习，才能把看到的东西、学到的知识化为己用，为自己的“高智商”添一份力。

假如我们原谅上帝

幸福，好像遥不可及，又好像近在咫尺。要想把握幸福，关键在于你的内心。懂得如何思考、感谢存在，你才能活在当下，真正拥有幸福。

现在，玛丽已经八岁了，我多么希望她可以走路；我多么希望她可以拿起笔，然后在本子上写字；我多么希望她的视力可以稍微好一些，这样，她便能够看清楚书本上的文字，可以不让老师专门为她将字写在纸上；我多么希望她不必将轮椅靠近电视就能看清动画片。哪怕就算为了玛丽她自己，我是多么希望她可以做到所有的事情。

可是，她不能。医生告诉我们，她大脑中的损伤已经无法补救，她再也不能恢复了。所以，她还不会走路，还不会写字，还看不清书本上的字……尽管她有这样多的缺陷，可我还是因为有了她而感到幸福万分。

起初，我们绝望过。虽然玛丽是早产儿，可我从没想过她会有什么生理缺陷，我本以为她会是个正常的孩子。过了十八个月后，医生宣判她为大脑麻痹。我瞬间崩溃。眼前这个快乐可爱的小宝贝，我是寄予了多少的期望与憧憬！我曾幻想她能够像她的姐姐那样，长成一个身材修长、文静可爱的大姑娘。这个被天使遗弃在冷漠地狱的可怜小孩，难道真的就是我们的玛丽吗？

我怎么会相信这个可怕的诊断，于是我又带着玛丽到处找医生，希望可以治好她。对于别人，我慢慢开始又恨又恼。我对上帝感到很生气，对自己更是怒气冲天——我到底做错了什么，让玛丽接受这么残忍的惩罚？

尽管我经常对自己说：“是的，你应该爱她。”可我只能为她感到心痛，为她命中注定要面临的排挤与悲伤而心痛。在世界上，被当成有价值的人永远只是那些独立者、成功者、美丽的人或是富有的人；在世界上，如果没有魅力，那便是错误，得了癌症便是走进了绝境，失去了工作便代表道德上的失败；在世界上，痛苦将被遮掩起来，而死亡也将被藏到暗无天日的地方。我没有办法接受现在的玛丽，我更为她的到来而感到羞耻。我想拥有一个健康的孩子。我无法原谅自己，更无法原谅上帝。

后来，通过观察，我才认识到自己的看法原来是大错特错。

在玛丽眼中，她生来便是这样。她并没有将大量的时间花费在弄清楚自己为何不能与其他小朋友一样正常走路、玩耍，而是每天都快快乐乐地生活着。我慢慢地开始察觉到，她因为拥有一个独特的自我而快乐。她从来都是充满了活力与热情，她那圆圆的脸蛋总是红红的，对于一切事物都很宽容，好像觉得事情本该这样。她所关注的绝不是自己不能干什么，而是自己还可以干什么。其他人的注视、小朋友的好奇、还有那些比她年纪小的孩子会问她："你的身体是怎么了？""你为什么不可以走路呢？"所有的这一切，她都不会放在心上，因为就是她自己，早已对世界提出了更多的问题，产生了更多的好奇。

我终于体会到，以前的我太消极了，看事物总是只关注阴暗的一面。我想，中了诅咒的人并不是玛丽，而是我自己！

"去爱你发现的每一件东西吧！"这是我从别人那里听来的一句话，可不知道为什么，我就是不愿意记住它。

我慢慢开始懂了：在实际的生活中，每一个人在某一个具体的方面，其实都是无能的。而我们之所以无法理解人性的根本原因，则在于我们不愿意接受上帝赠与我们的东西，也不愿意接受他早已赠与亲人、孩子、朋友以及其他人的东西。

我们不想太胖，不想太瘦，不想变老，不想失去魅力。谈吐是否得体会让我们感到焦虑；嗓音与口音是否好听让我们感到焦虑；鼻子太大或是有没有秃顶会让我们感到焦虑。我们期望自己能变得充满智慧、有魅力、优雅而轻松安逸；我们希望别人发现我们衣着考究、住宅体面的地方。可这些到底都是为了什么呢？全因为我们太看重传言与奉承，看重那些说什么如果我们没有一个完整的身体，那我们就会一无是处！

玛丽为我揭开了人生的真理：我们是因为爱才被创造，同时也是为了爱才被创造。这样的创造是免费的，是无偿的。我们必须学会接受自己在其他人身上发觉到的东西，还得学会接受同时发生在自己身上的东西。如果我们原谅了上帝，那么，上帝同样也将原谅我们，这样，我们的生活才会变得更加快乐、更加愉悦。

假如我现在还能重新做出选择——譬如随着一道闪耀的白光，突然有个声音对我说，以前的事情将重新来过，玛丽将成为一个健康的孩子——我的快乐将难以言喻。

不过，现在就是为了我自己，我还是想对自己要求一件事：要求我永远不要重复以往的想法与感情，因为我早已接受了现实中的玛丽。我相信，她在未来的日子里会变得越来越漂亮，越来越快乐，越来越幸福。

■ **撰文**/帕特·科林斯　**编译**/余妮娟

睿智人生 / Intelligent Life

生活中的智慧，并不是体现在你拥有多么不凡的才智、享受多么过人的物质生活，而往往体现在你对待事物时的看法和心态。一个真正的智者，懂得如何分析和思考，并善于通过思考将生活中的不公与痛苦慢慢分解、淡化，直至将这些不美好的事物渐渐转变成一种正义的力量，从而让自己永远生活在快乐之中。如果你也能像玛丽一样，凭借思考的力量去感恩存在，珍惜当下，那么再大的忐忑你也一定会成功迈过！

培养策略 / Training Strategy

人无完人，每个人都有自身的缺点和劣势。但同样，每个人也有自己的优点和长处。当面对挫折和失败时，与其垂头丧气、自怨自艾，还不如静下心来，利用上天赐给我们的思考能力和分析能力，尝试着对事情和自我进行分析，找出解决办法，尽力发挥自己的长处。相信终有一天，你定会成功。

风扇巧分类

美美风扇店是A市最大的风扇店，这里的风扇种类非常多，有吊扇、台扇、玩具风扇等，款式也特别丰富，从设计形式到颜色各不相同。夏天到了，很多顾客都来这里挑选风扇，店里的客人络绎不绝。这可把店员小宇忙坏了，他一会儿给顾客拿来中意的款式挑选，一会儿给顾客解释不同款式的优缺点。一天下来，小宇忙得满头大汗。终于，打烊的时间到了，小宇可以松一口气了。

问题 /

打烊后，美美风扇店的经理阿旺发现摆放台扇的柜台一片混乱，于是找到店员小宇，让他把台扇分类整理一下。同学们，请你帮小宇想一想，有几种分类方法呢？

专家悄悄话 /

这个小游戏考察了你的分类能力。仔细看一看图中的风扇，不同的地方有：颜色、功能、用途。抓住了这个关键点，很容易就能把风扇按照不同标准分类了。如果感兴趣，就再找一些类似的小游戏玩一玩吧，既有趣又能锻炼逻辑思维！

答案

共有三种分类方法：按型号可以分为大、中、小三种；按照功能可分为机械式、自动式、智能式三种；按照客户类型可分为家用、商用两种。

晚餐吃出第一桶金

一顿晚餐淘到了人生的第一桶金，这并不仅仅是偶然的幸运，更是一颗善良的心与善于发现的大脑共同缔造的必然结果。

当已近二十岁的开普勒设想自己的未来时，总是觉得前途一片灰暗，看不到希望。

确实，他的家庭并不富有，他受到的教育很有限，周围的人也不太把他当回事儿。

为了养活自己，他找了一份临时的工作，当上了厨师。这份工作虽然普普通通，但好歹能够糊口。

有一天晚上已经很晚了，店里只剩下开普勒一个人。他正准备打烊时，一个人闯了进来。

他一看，餐馆就要关门了，就请求开普勒："我是一个可怜的澳大利亚游客，我迷了路，而且非常饿。您能否行行好，为我准备一份晚餐？"

这还不容易，不过是举手之劳么！开普勒连眼睛都没眨一下就答应了他的请求。

开普勒从厨房里出来时，发现除了那位澳大利亚游客以外，又来了一位不速之客，坐在距澳大利亚人两张桌子远的地方。

开普勒用英语同他打招呼，那个客人耸了耸肩用阿拉伯语解释说他不懂英语。

恰好开普勒在学校里学过一点儿阿拉伯语，经过简单的沟通，他知道了这位客人是从沙特阿拉伯来的，也在市区迷了路，并且很饿，看到这家餐厅还亮着灯，就走了进来。

于是开普勒回到厨房准备了第二份晚餐。

等他回来的时候，他发现两个人因语言不通，都一言不发，就那么静

悄悄地坐在那里。

开普勒心想：闲着也是闲着，两人这样坐着怪没劲的，不如我来充当他们的翻译吧！

于是，开普勒利用自己的特长，一会儿说英语，一会儿讲阿拉伯语，和两位客人聊了起来。

聊了一会儿之后，他有了一个有趣的发现：这个阿拉伯人经营着一家进出口公司，这是他第一次到澳大利亚洽谈生意，而这个澳大利亚人有一个很大的绵羊养殖场。

于是，开普勒问澳大利亚人是否有兴趣把他的羊出口到阿拉伯去，澳大利亚人拼命地点头。

他又转过身来问阿拉伯人是否愿意从澳大利亚进口新鲜、肥美的绵羊。因为到了过节的时候，很多伊斯兰信徒会云集在沙特阿拉伯，会有大量的消费需求，所以阿拉伯人也不停地点头。

谈话由此变得越来越热烈，在开普勒的帮助下， 经过两个小时的谈判之后，双方交换了联系方式和地址，协商了价格，又互相把对方的银行账号记在了餐巾纸上。

两个客人都很兴奋，互相握手、拍肩膀表示祝贺，然后向开普勒道了再见。

在出门的时候，澳大利亚人转回身来问道：“我怎么和你取得联系呢？能给我留个地址吗？”

开普勒将地址写在餐巾纸上后交给了对方，然后三个人分头消失在了夜幕之中。

三个月之后的一天，开普勒收到了几封信，其中有一封是从澳大利亚寄来的。

那个澳大利亚人在信中感谢开普勒为其所做的出色的翻译工作，同时也感谢他敏锐的商业眼光。他告诉开普勒，已经有几千只羊在前往沙特阿拉伯的路上了。在信的后面，还附上了一张两万美元的支票，作为对开普勒帮忙的报酬。

于是，那个晚上成了开普勒人生的重大转折点。他怎么也不会想到，一个小小的念头促生了一场谈话，一场开放的谈话竟然能够带来如此丰厚的报酬。

他从此变得开朗、主动，后来成为一名有着敏锐眼光的商人，并且一直都很成功。

■ **编译/赵　远**

睿智人生 / Intelligent Life

开放式的沟通能够让一顿晚餐变成一场贸易洽谈会，开普勒这种眼光与能力不得不令我们佩服。生活中，不要总是抱怨机会没有到来，聪明人懂得从普通的事情中挖掘机会，通过努力把它变成现实；而不愿意动脑的人，即使面对再多的机会也抓不住，更不会成功。

培养策略 / Training Strategy

聪明人能靠着敏捷的头脑达成双赢甚至多赢的局面。同学们，在生活中你能很好地运用这种能力吗？遇到复杂的问题，请多加思考吧！比如课余爱好小组中，怎么合理安排大家的任务？跳蚤市场中，怎么用自己的旧物换到需要的东西？学习中，怎么能既提高自己的薄弱学科又能帮助同学？慢慢地，当你习惯用双赢的思维去思考问题时，你的收获一定远远大于你的预期！

谁是智商“小天才”？

想知道你的智商有多高吗？快来做一做下面的智力测试题吧！

1.选出不同类的一项。

A.蛇　B.大树　C.老虎

2.下列四个词是否可以组成一个正确的句子？

生活 水里 鱼 在

A.是　B.否

3.动物学家与社会学家相对应，正如动物与（　）相对。

A.人类　B.问题　C.社会　D.社会学

4.找出不同类的一项。

A.写字台　B.沙发　C.电视　D.桌布

5.下面的选项中，哪一个应该填在“XOOOOXXOOOXXX”后面？

A.XOO　B.OO　C.OOX　D.OXX

6.填上空缺的词。

金黄的头发（黄山）刀山火海

赞美人生（　）卫国战争

7.填入空缺的数字。

16（96）12　10（　）7.5

8.填上空缺的字母。

CFI　DHL　EJ（　）

9.小张被关在一间没有上锁的房里，可是他使出吃奶的力气也不能把门拉开，这是为什么？

10.两对父子去买帽子，每人买了一顶，但为什么只买了三顶？

计算方法 /

每题答对得5分，答错不得分。

共10题，总分50分。

测试结果 /

45分以上者为天才；

40～45之间为非常优秀者；

34～40之间为优秀者；　30～34之间为常才；

答案

1.B　2.A　3.A

4.D　5.B　6.美国

7.60　8.O　9.推开门

10.祖孙三人

寻找玉石大盗

● 严密的逻辑思维是高智商的明显特征之一。我们来看看方脑壳探长是如何运用严密的逻辑思维一步步破案的吧！

方脑壳探长今天一早刚来到他的侦探所，就有人来访。

坐在方脑壳和他的秘书小姐面前的这个花白胡子老头儿叫袁明，是一个珠宝收藏家。他主要收藏各种珍稀玉石。在他的藏宝室里，古玉非常多，很多国内外专家和商人都希望和他交朋友，当然，他们交朋友的目的不太“纯粹”。

阳光从窗外照射进来，正好把方脑壳手里的那杯菊花茶映成了一片琥珀色。

袁老先生痛心疾首地说：“最纯粹的和田玉呀！孩子，啊，不不，小侦探啊，你知道吗？一块纯净的和田玉价值都是无法估计的，我那可是整整一盒子和田玉呀！”

说到动情之处，袁老先生的眼泪顺着面颊流了下来。

方脑壳眉头紧锁。秘书小姐把一张面巾纸递给袁老先生。

方脑壳陷入了沉思。袁老先生的藏宝室是一栋独门独院的小楼，由于这栋小楼的用途特殊，在建造的过程中，袁老先生颇费了一些脑筋。门锁是新式的，带有指纹识别系统；整栋小楼使用耐火材料建成的，即使你浇上汽油，也很难让它燃烧起来；所有的窗户外都加了铁栏杆，在定做铁栏杆的时候，他还特别交代他所委托的那家装修店，钢筋要比别人家的粗一号。

当时，装修店的那个小伙子一个劲儿地向他表态，保证质量没问题。铁栏杆运来时，袁老先生亲自指挥安装，粗一号的钢筋虽然显得呆笨一点，但看上去还蛮安全的。

装修店的那个小伙子得意地问：“怎么样？老先生，这下您可满意了吧？”

袁老先生欣慰地点点头，以为万无一失。可是现在，他的珠宝还是被窃贼盗走了。

方脑壳暗暗思索：“这么看来，应该是熟人作案。”

令人感到奇怪的是，窃贼是从窗户进入室内的，可是，窗外的铁栏杆却丝毫没有受损！

秘书小姐说：“我们不能仅凭窗户被打碎了，就简单地推断贼是从窗户进入室内的，也许这是窃贼给我们制造的一个假象呢。”方脑壳点点头表示同意。

方脑壳转过脸问袁老先生：“最近有什么人对您的这块玉石特别感兴趣吗？”

袁老先生略略思索了一下，说：“有。”

原来，邻国日本有一个叫木村的收藏家，几次登门拜访，有意高价收购他的和田玉，但均遭到袁老先生的委婉拒绝。袁老先生早有打算，他立下遗嘱，自己百年之后，他的所有收藏全部捐献给国家。前几天，木村再次造访，言谈之间，袁老先生说最近自己的体力愈发不支，他想早一点实

施自己的计划。木村再次提出收购事宜，袁老先生连连摆手，木村只好失望地走了。

方脑壳终于放下了自己手中的杯子，站起来对袁老先生说："走！"他们乘车来到现场。

在进行了一番仔细的勘查之后，方脑壳还是在窗户前停下了脚步。从现场看，窃贼是用吸盘吸住玻璃，然后用玻璃刀切割玻璃，拨开窗户的插销进入室内的。

"那，为什么铁栏杆没有遭到破坏的痕迹呢？"秘书小姐疑虑重重。

这时，方脑壳从背包里找出打火机，开始一根一根烤钢筋。

"你，你这是干什么呀？"大家都奇怪地问。

方脑壳不理不睬，继续烤。大家正要说他，突然惊奇地张大了嘴巴，一点声音都发不出来。

原来，有三根"钢筋"在打火机的烧烤下渐渐弯曲起来！原来那是塑料的！方脑壳说："现在案情明确了！装修店的小伙子跟木村先生是一伙儿的。估计木村现在已经拿着玉石逃走了，但小伙子肯定能联系到他。赶紧报案，抓到装修店那个小伙子，一切就水落石出了！"

■ **编译**/杨文婷

睿智人生 / Intelligent Life

逻辑思维是人类认识的最高境界，是思维的高级形式。这种思维是建立在对事物的观察、思考和总结基础上的。生活中的逻辑思维随处可见，用途也非常广泛，它可以提高你的分辨能力、表达能力以及学习能力。同学们，在学习和生活中努力锻炼逻辑思维吧！

培养策略 / Training Strategy

家长可以帮助孩子锻炼缜密的逻辑思维。如果孩子对文学有兴趣，可以找一些相对简单的推理故事或者动画片，陪孩子一起看，看完后跟孩子一起讨论案情，并探讨其中用到的逻辑推理手法。如果孩子对数学感兴趣，可以找一些趣味数学题，一起探寻多种解法，锻炼逻辑思维。

看图练思维

开动脑筋想一想，六边形金字塔的塔顶应该填A～E中的哪一个？

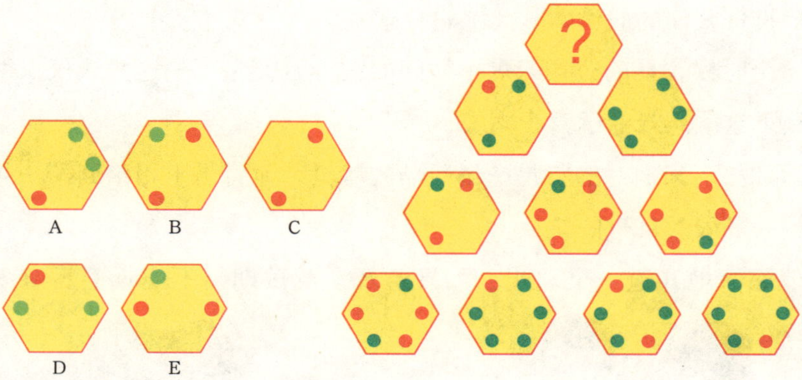

专家悄悄话／

这个小游戏，让你在看图形的过程中找出规律，锻炼逻辑思维能力。其实，只要找准其中的规律，做起这类的题目来，就很简单了！感兴趣的话，自己找一些类似的题目做一做吧！

答案

C。每一个六边形中圆点的位置都与其下的两个六边形有关。如果下面两个六边形在相同位置上的圆点颜色相同，那么上面那个六边形的同一位置就有圆点，只是绿色圆点会变成红色，红色圆点会变成绿色。

一份“国际合同”成就的公司

思想决定行动。靠一份“国际合同”整合资源，并创建自己的公司，做大做强，这种“滚雪球”思维方式值得我们学习。

2001年，一位年轻的公司老总迷上了一款韩国商家推荐过来的游戏。他觉得游戏做得非常出色，市场前景非常好，于是决定与这家韩国公司合作运营这款游戏。

可没想到，他一提出这个想法，就立刻遭到了后台投资公司的一口否决。

经过慎重考虑，他决定相信自己的眼光，坚持自己的决定，毅然撤回了后台投资公司的股份，从此跟它分道扬镳。

这个时候，他的公司只剩下撤回的三十万美金——这些钱仅仅能让他勉强签下这款游戏的运营合同。

深知接下来面对的将是一场严酷的考验，他将员工团结到了一起，准备迎接一场破釜沉舟的挑战。

他深深地知道一个现实：如果游戏在测试期内不能吸引足够多的玩

家，就不能实现收费运营，这样一来，公司就不会有新的收入，面临的结果就是倒闭。

签下游戏合同后，他需要很多台服务器来运营，可没有足够的钱去购买这些设备。

就在这样举步维艰的情况里，他并没有退缩。思索了几日，他便拿着这一纸与韩国商家签订的“国际合同”，敲响了浪潮、戴尔等服务器厂商的大门。

当大家看着这个空手而来的陌生客户时，免不了有点怀疑。这时，他拿出这份“国际合同”，自信满满地告诉他们：“我们是要运行一款国外的游戏，我想申请试用机器两个月。”

服务器厂商拿过合同一看，确实是国际正规合同，这位年纪轻轻的小伙子的自信和独到的眼光，让他们看到了巨大的潜力，于是他们同意了这个要求。

凭着这一纸国际合同，他拿到了价值数百万的服务器。

新的问题摆在他的面前——虽然服务器解决了，但他还是缺乏宽带的支持。于是，他又拿起了“国际合同”和与浪潮、戴尔这些服务器厂家的合作协议来到了中国电信。

他依旧自信满满又礼貌十足地对中国电信的工作人员说：“我要运行一款国外的游戏，浪潮、戴尔都给我提供了服务器。现在，我们需要很大的带宽运营游戏，可以请你们提供测试期内免费的宽带试用吗？”

中国电信的工作人员一看，浪潮、戴尔都与他签订了免费试用服务器的合同，断定这个年轻人确实能力不小，这个游戏也有很大的潜力可挖，于是也同意给他提供免费的宽带试用。

就这样，他凭借着一份合同得到了另一份合同，又凭借着这两份合同得到了第三份合同。这个时候，他已经有了完善的基础设备，能够顺利运行游戏测试了。

结果，测试之后，这款游戏受到了巨大的欢迎。

两个月后，他的游戏顺利进入收费模式，又过了仅仅一个月的时间，他的前期投资就已完全收回了，接下来的时间里，他得到巨大的回报！

从2001年11月开始，到2003年10月，在这不到两年的时间里，他的财富激增了几千倍，身家竟然达到了四十亿。他甚至一举收购了原来与他合作的那家韩国游戏厂家。

又过了一年，他个人财富由四十亿增长到八十八亿。2004年，他一举登上福布斯中国百富榜——那时，他年仅三十二岁。

这位年轻的富豪就是盛大公司的老总陈天桥。

可以说，他的创业经历跟他所运行的游戏名称一样，简直是一个——“传奇”！

这个传奇人物用自己的经历告诉我们——做任何一件大事情，都会面临巨大的困境，然而，只要你有足够的自信，懂得审时度势，找出自己最有利的优点，并善加运用，你就可能用最小的投入快速走出困境，获得成功！

■ **编译**/康文笠

睿智人生 / Intelligent Life

成功的路上总有困境和风险。敢于承担风险，审时度势，找出对自己最有利的独到之处，并充分加以利用和繁衍再生，才能获得最终的成功。陈天桥的每一步看上去都像是一步“险招”，但不得不承认，只有凭借过人的大脑进行深入分析思考，才能把自己的优势最大化，一步步走向成功。

培养策略 / Training Strategy

能预见结果，并用有利之处说服别人。你能做到这一点吗？找来一些名人的创业故事，看看他们是如何白手起家的，并想一想，如果你是他们，你会如何利用这些有限的条件？把你的心得跟爸爸妈妈分享一下吧，也听听爸爸妈妈的看法。

庭院里的花坛

在皇宫的庭院里，有一大片花坛，一个种着红花，一个种着蓝花。有一天，公主站在皇宫的阳台上赏花，突然感到了厌烦：“天天就看这两种颜色的花，真是太腻味了！”于是，任性的公主找来了花匠：“真是太无聊了，难道我国只有红花和蓝花吗？我命令你，不管用什么方法，明天一早，我打开窗户的时候，一定要有别的颜色的花朵出现在我眼前！如果不能如期实现，你就等着坐牢吧！”花匠连忙说：“公主殿下，我会改造这个花坛。不过，您可以只在窗口看吗？如果可以，我保证明天早晨，您望向花坛时一定会发现有不同颜色的花。”公主答应了他。那么，如果你是花匠，你会采取什么方法，在这么短的时间内满足公主的要求呢？

对策 /

A.抓紧赶工，把花坛里的花换成多种颜色。
B.由于时间紧迫，直接找来染色剂把花染上颜色。
C.把红花和蓝花掺杂起来。

点评 /

选A的同学：你很诚实，但是一天一夜的时间，采购并种植新花是来不及的。
选B的同学：这个想法比较有创意，但是时间不够，而且对花朵的危害可是致命的。
选C的同学：你很好地抓住了关键点，懂得利用现有的优势达到预期的结果，很不错！

专家悄悄话 /

这个问题中，抓住“站在窗口看”这个点，就不难猜出花匠的做法了。这个故事锻炼你的思考能力以及熟练运用现有资源的能力。

答案

把蓝花和红花掺杂在一起，远远看上去就是一片紫色。

用比自己更优秀的人

他是一位出色的领导者，凡事并非事必躬亲，但他知人善任，更敢于起用比自己更优秀的人才。换一个角度思考，或许你会发现更多。

阿亚约翰·亚当斯是美国历史上的第二位总统。亚当斯在接替华盛顿就任总统时，美国正面临着与法国关系破裂的危险。到了1797年底，两国处于剑拔弩张、一触即发的交战前夕。

常识告诉亚当斯，要打胜仗，必须要有得力的统帅指挥。有很多人劝他亲自统帅军队，但他认为自己并不具有军事上的特别才能。思来想去，他认为华盛顿才是唯一能够唤起美国军魂、团结全美人民的统帅。最后，他下定决心请华盛顿出山。亚当斯的亲信们得知后，一致表示反对。他们认为，如果华盛顿复出，会再次唤起人民对他的崇敬和留恋，这样势必对亚当斯的威望和地位造成威胁。

千军易得，一帅难求。亚当斯毫不动摇，认为国家的利益和命运高于一切。他授权给汉尼尔顿立即给华盛顿写了一封信，请求华盛顿再次担当陆军总司令，指挥美军打败入侵者。

与此同时，他又亲自给华盛顿写了一封信，信中诚恳地写道：当我想到万不得已要组织一支军队时，我就把握不准到底该起用老一辈将领，还是起用一批新人，为此我不得不随时要向你求教，如果你允许，我们必须借用你的大名去动员民众，因为你的名字要胜过一支军队。

华盛顿接到信后很受感动，表示愿意立刻肩负重任，幸运的是，就在华盛顿准备率军出征的前夕，亚当斯终于通过外交斡旋的途径同法国达成了和解。这件事被美国人民传为佳话。后来，有位著名的记者采访他，问道：“您为什么不怕华盛顿复出会再次唤起人民对他的崇敬和留恋，进而威胁到您的威望和地位？为什么敢于起用比自己更优秀的人？”

亚当斯开始没有直接回答，而是先给记者讲了自己少年时的一件往事。

“年幼的时候，父亲要我学拉丁文，那玩意儿真无聊，我恨得牙痒痒。因此，我对父亲说，我不喜欢拉丁文，能不能换个事情做？”

“好啊！约翰，”父亲说，“你去挖水沟好啦，牧场需要一条灌溉渠道。”

于是，亚当斯真的到牧场去挖水沟。可是，拿惯笔的人，拿不惯锹。那天晚上，他就后悔了，整个身子疲惫不堪，只是他的傲气不减，不愿意认错。于是，他咬紧牙关又挖了一天。傍晚时，他承认：“疲惫压倒了我的傲气。”他最终回到了学拉丁文的课堂上。

在以后的岁月里，亚当斯一直记着从挖水沟这件事中得到的教训：必须承认人有所长，也有所短，人有所能，也有所不能，认为自己样样都行，实际上恰恰是自己的不自量力。亚当斯深有体会地说：“真正出色的领导者，绝非事必躬亲，而是知人善任，特别是敢于起用比自己更优秀的人才。如果高层领导者事无巨细，一律包揽，那只能成为费力不讨好的勤杂工式的领导者。”正是因为亚当斯知人善任，才能凭借众多的优秀人才，特别是凭借那些比自己优秀的人才，一步一步地攀登上了成功的巅峰。

■ **撰文/蒋光宇**

睿智人生 / Intelligent Life

每一个成功者势必有他的缺点与优点，而决定其成败的往往并不是优点，而是缺点。个人如此，对于团队来说，更是如此。可知人善任说起来简单，做起来难。除了要有以大局为重的广博之心，还要善于思考和分析。只有充分了解了队友的优点和缺点，正确分析队友的能力与才干，这样才能扬长避短，做出理智的决定。

培养策略 / Training Strategy

将来的我们或许并不会当班长做“领导”，但和同学交往又何尝不会遇到比较的情况呢？学习上的比较、能力上的比较……如果有人在某一方面比你强，那么请你不要自卑，更不要嫉妒，因为换一个角度思考，你也有过人之处。在交往中，我们除了要发现自己的优点，更要善于发现别人的长处，这样你会收获更多。

类比小讲堂

如果两件事物有某些相同或相似的性质，我们就可以推断它们在其他性质上也有可能相同或相似，这就是类比推理。虽然类比是一种类似于“猜想”的推理形式，要论证它还需要严格的逻辑证明；但在我们的生活中，它却是非常实用的。现在，我们就来练习一下吧！请找出与例子规律相似的类比项。

1.太空　卫星
A.铁轨　火车　B.公路　自行车　C.机场　直升机　D.城市　公共汽车

2.草莓 苹果 水果
A.树叶 树干 树木　B.春天 雨水 四季　C.打球 跑步 运动　D.电灯 日光灯 节能灯

3.磨坊　谷物
A.织布机　衣物　B.医院　药品　C.锻造车间　金属　D.市场　货物

■ 专家悄悄话 /

同学们，上面的题目你做对了几道呢？其实这些类比推理题并不难，只需用心思考一下几种事物的关系：是笼统的对应，还是唯一的对应；是归属关系，还是独立关系；是并列关系，还是上下关系。理清了这些就非常容易了。

答案及解析

1.D　卫星在太空飞行，而且有固定的轨道；ABC选项中，事物的关系都相当于“轨道”对“卫星”，只有D跟题目相似。2.C　草莓和苹果都是水果，而且是单独的两个个体，只有C选项的关系符合题目。3.C　磨坊是谷物的加工场所，而其他选项没有这种关系。

再敲一次门

遇到挫折的时候，不要轻易放弃，想一想需要改进的地方都有哪些，说不定下一次你就能敲开成功之门。

萨曼莎是一名刚毕业的大学生。最近经济不太景气，工作不好找，她投了好几份简历，都没收到面试通知。

终于，机会来了！著名的瑞德公司给她发来了一封电子邮件——是面试通知！看着电子信箱中闪烁的新邮件，萨曼莎感觉仿佛有一缕阳光照亮了自己焦急期待的心。

面试那天，萨曼莎精心地梳洗打扮了一番，又换了一个漂亮的新胸针，以祝福自己好运。

她留出充分的时间，到了公司楼下，平静了一下自己忐忑的心情；上午十点钟，她准时走进了瑞德公司的人力资源部。

等秘书小姐向经理通报后，萨曼莎深呼吸一口，提着手提包来到经理办公室门前，轻轻地敲了两下门。

“是萨曼莎小姐吗？”屋里传出询问声。

“经理先生，你好，我是萨曼莎。”萨曼莎边回答边慢慢地推开门走进去。

“抱歉，萨曼莎小姐，你能再敲一次门吗？”只见经理端坐在沙发转椅上，他双手交叉，胳膊肘放在桌面上，悠闲地注视着萨曼莎，表情有些冷淡。

经理先生的话虽令萨曼莎有些疑惑，但她并未多想，关上门，重新敲了两下门，然后推门走进去。

“不，萨曼莎小姐，这次还没有第一次好，你能再来一次吗？”没想到，经理微微皱起了眉头，频频摇头，然后摆了摆手示意萨曼莎出去重来。

萨曼莎心想："应该是这次的敲门声太急促了，经理觉得不够礼貌吧！那我还是像第一次那样，简单、有力地敲三下吧！"于是，萨曼莎退回去，重新敲了一次门，然后又一次踏进房间："先生，这样可以吗？"

"这样说话不好——"

于是，萨曼莎又一次敲门进来："我是萨曼莎，见到你非常高兴，经理先生。"

"请别这样，这种客套太常见了。"经理依然淡淡地说道，"还得再来一次。"

萨曼莎暗暗思索："那换一种亲切一点的方式打招呼吧！"于是，她退出去，又作了一次尝试："抱歉，打扰你工作了。"

"这回差不多了，如果你能再来一次会更好，你能再试一次吗？"经理说。

当萨曼莎第十次退出来时，她内心的喜悦和憧憬已消失殆尽，开始有些恼火，心想，进门打招呼哪有这么多讲究？这哪是招聘面试呀，分明是在刁难戏弄人。

萨曼莎生气地转身想离开，可刚走几步又停了下来："不行，我不能就这样逃开，这么多次敲门，我已经尽自己的能力改正了所有能想到的缺点，但还是没令经理满意。即使瑞德公司不打算录用我，也得听到他们当面对我说出的理由。"

于是，萨曼莎稍稍地舒了一口气，第十一次敲响了门。

这次，她得到的不是拒绝，而是热烈的掌声。

萨曼莎没有想到，差一点放弃的第十一次敲

门，叩开的竟是一扇成功之门。

原来，瑞德公司此次是打算招聘一名市场调查员，而一名优秀的市场调查员，不仅要具备学识素质，更要具备耐心和毅力等心理素质。

而且在这十一次敲门中，萨曼莎的表现一次比一次好，从这种变化中，瑞德公司的人员看出了一名优秀的市场调查员必备的思考能力和改善自己的决心。

生活里的苛责和难堪看上去虽是令人不舒服的遭遇，但它们并不是我们放弃努力的借口。

如果你肯用耐心去化解，用细心去改进，用理智去包容，它也许就是你走向成功的敲门砖。

从一次次的失败中吸取经验教训，从一次次的挫折中得到思考的飞跃，你才能一步步坚定地走向成功。

■ **编译**/赵　远

睿智人生 / Intelligent Life

许多人在遇到挫折时，不是抱怨外部环境的不好，就是自怨自艾，认为自己能力不行。其实挫折每个人都会遇到，能够把失败和挫折当成自己智慧的“磨刀石”，才是最聪明的做法。当你再次遇到挫折时，不妨以乐观的心态，把它分析透彻，这样才能跨过失败走向成功。

培养策略 / Training Strategy

遇到挫折时要多多思考，才能找出其中的奥妙。遭遇失败的时候，不要立刻放弃，而是要用心思考一下失败的原因：是方法不对，还是外部条件不合适？分析出最关键的原因后，再次尝试。这样坚持下去，你做起事情就会越来越得心应手。

名人堂/
Hall of Fame

在不断的挫折中学习

■ 托马斯·阿尔瓦·爱迪生 | Thomas Alva Edison 无数次失败后发明耐用灯泡

19世纪末，电灯的灯丝特别不耐用，实用价值不大。于是，爱迪生想找出一种材料作为耐用灯丝。他试验了数千种材料，有炭条、白金丝，还有钌、铬等金属，但都以失败告终。他经过反复的思考和试验，发现用棉线做的灯丝比较耐用。后来，爱迪生进一步试验，用竹丝代替了棉线，取得了成功。此后，电灯开始进入寻常百姓家。

■ 迪伊·霍克 | Dee Hock 在失败中成长的VISA创始人

迪伊·霍克年轻时，在一家金融公司工作，虽然他使公司的业绩得到了高速增长，但公司保守的领导层受不了他特立独行的作风，把他逐出了公司。在后来的工作中，作风大胆的他频频失业。当他四十三岁时，终于得到了一个协助美国国家商业银行开发信用卡业务的机会。带着二十多年来创新的实践，经过近两年的积极探索，他终于成功了——这就是著名的“VISA（维萨）信用卡网络公司”。

■ 李咏 | Li Yong 挫折堆积出成功

著名电视节目主持人李咏年轻时是一名严肃乏味、性格孤僻的人。后来，他转行做了主持人。没想到，他第一次主持的电视节目几乎全被导演剪掉了。于是，他准备了一个笔记本，把他在主持中存在的问题全部记录下来，然后逐条探讨、改正。后来，他主持了《幸运52》《非常6+1》《梦想中国》等电视节目，成为当今国内最受欢迎的著名主持人之一。

3 点亮思想之光

——提高创造力和应变能力

创造力和应变能力是智商最独特的一部分。创造力可以改进我们身边的事物，让我们的生活更加美好；应变能力可以让我们在紧急环境下顺利保护自己。

你羡慕高智商天才的过人创造力吗？想跟他们一样灵活应变吗？那就翻开这一章，让我们在别具心裁的故事中体会创造力的美好，在妙趣盎然的小游戏中找到增强应变能力的办法。

把斧子卖给总统

把斧子卖给总统，听起来真可笑，谁又相信日理万机的布什总统会买一把十五美元的斧子呢？可乔治·赫伯特真的做到了……

美国布鲁金斯学会之所以闻名于世，是因为它培养出了一批又一批世界上最杰出的推销员。它有一个传统，就是在每期学员毕业的时候，都要设计出一道最能体现推销员能力的实习题，让学员们去完成。

八年间，先后有无数个学员为此而绞尽脑汁、费尽心机，可是最后都无功而返。

克林顿卸任后小布什当政，布鲁金斯学会把实习题改为：请把一把斧子推销给现任总统。

鉴于持续多年的失败与教训，绝大多数学员知难而退，甚至不少学员断定，把一把斧子推销给布什总统如同把一条三角裤推销给克林顿总统一样，势必毫无结果。因为布什总统什么都不缺，退一步说，即使缺少，也用不着他亲自购买。

2001年5月20日，一位名叫乔治·赫伯特的推销员，成功地将一把斧子推销给了布什总统。

布鲁金斯学会得知这一消息后，把刻有“最伟大的推销员”字迹的一只金靴子授予了他。这是自1975年以来，继该学会的一名学员成功地把一台微型录音机卖给尼克松总统之后，又一名学员获此殊荣。

其实，乔治·赫伯特的成功，并没有费多少工

夫，也不像许多人想象的那么艰难。

一位记者在采访他的时候，他是这样说的：

“我认为，把一把斧子推销给布什总统是完全可能的，因为布什总统在得克萨斯州有一个农场，农场里面长着许多树。于是，我给他写了一封信，说：有一次，我有幸参观了您的农场，发现里面长着许多矢菊树。有些已经死掉，木质早已变得十分松软。我想，您一定需要一把斧头。但是从您现在的体质来看，那些新型的斧头显然太轻，因此您仍然需要一把不甚锋利的老斧头。

“现在我这儿正好有一把这样的老斧头，很适合砍伐枯树。假若您有兴趣的话，请按这封信所留的信箱，给予回复……不久，布什总统就给我汇来了十五美元。”

为什么布鲁金斯学会不把金靴子奖授予那些显赫于世界各国的巨富，而偏偏授予将一把斧子推销给了布什总统的人呢？

布鲁金斯学会负责人在表彰乔治·赫伯特的时候，说了下面一段话，从客观上很好地回答了上面的问题：

“金靴子奖已空置了二十六年。二十六年间，布鲁金斯学会培养了数以万计的推销员，造就了数以百计的百万富翁。这只金靴子之所以没有授予他们，是因为我们一直想寻找这么一个人：这个人不因有人说某一目标不能实现而放弃，不因某件事情难以办到而失去自信。”

的确，布鲁金斯学会把金靴子奖授予将一把斧子推销给了布什总统的乔治·赫伯特，比授予那些显赫于世界各国的巨富要高明得多。

它又一次告诉世人，别人没有成功，并不等于自己一定也不能成功；过去没有成功，并不等于将来一定也不能成功。

在不轻言放弃、不丧失信心的人面前，在坚持不懈、知难而进的人面前，总会有一片充满希望的天地。

■ **撰文**/蒋光宇

睿智人生 / Intelligent Life

“把斧子卖给总统”，如果不是刚刚读完这篇文章，也许我们会把这个题目当成一则笑话来看。谁又相信日理万机的布什总统会买一把十五美元的斧子呢？所以在世人看来，美国布鲁金斯学会的大部分学员都是明智的，而那个叫乔治·赫伯特的推销员，则显得有些自不量力了。在那么多前辈们无功而返之后，他是凭借什么走出这条没有出口的道路的呢？是盲目无知，还是不知天高地厚？

不，是自信，是他身上那份勇于创造机会的自信！

爱迪生说：“自信，是成功的第一秘诀。”生活中，我们也应该有乔治·赫伯特的那份自信：不迷信权威，不畏惧困难，坦然面对挫折，脚踏实地，以积极乐观的态度去迎接挑战和创造机会。如果我们能把这样的自信贯穿在生活中，加之以不懈的努力与拼搏，谁又能说下一个金靴子奖的获得者不会是你呢？

培养策略 / Training Strategy

有时候，成功与失败只有一厘米之差。当你面对困难时，如果选择迷信权威，畏畏缩缩，你便永远不会成功。而善于应变，敢于创造机会，你就会轻松逆转不利的局面。同学们，你也可以尝试锻炼自己的应变能力和创造能力。比如，废弃的杂志能做什么？观察单本杂志的特点，或许你能用它做成笔筒；观察成摞杂志的样子，或许你能把它们做成板凳……敢于创新，生活中总有新发现！

巧妙应对陌生人

暑假里的一个下午，大伟一个人待在家里看漫画书。突然，外面传来了急促的敲门声，一个中年男人粗声粗气地大声喊着：“小区物业，修水表！”大伟从“猫眼”里向外看了看，门外的那个男人穿着工作服，挎着一个工具包，看起来倒真像修水表的师傅。怎么办，开门吗？

■ 问题／

同学们，如果是你，你会怎么做？

■ 正确的应对策略／

1.保持冷静

不管敲门的人说什么，都要沉着冷静，不要透露家中只有你一个人，更不能随便开门。

2.不要轻易相信陌生人

对于自称是工作人员的敲门人，不要轻易相信，一定要让他出示工作证件。如果自己不能判断真伪，可以回复他改天再来。

3.动动脑筋，赶走陌生人

一旦发现这个人形迹可疑，你可以假装父母在家，大声告诉父母，说有不认识的人在敲门。这样，如果门外的人真的有不良企图，就不敢轻举妄动了。

4.有危险要及时求救

如果感到有危险，要立即向父母、邻居或者派出所打电话求救。

5.牢记特征

记住来者的穿着打扮和相貌特征，以便报警后能够向警察准确地描述可疑者的详细情况。

■ 专家悄悄话／

有些犯罪分子会谎称工作人员，或者是父母多年不见的朋友进行入室抢劫。遇到这些人，一定要先打电话和家长确认情况。平时要牢记父母、邻居或者其他亲戚的电话号码，遇到紧急情况才能及时求救。同学们一定要锻炼好灵活应变能力，以保护自己。

把自己推到前台

成功需要机遇，这机遇不是别人给的，而是自己创造的。
创造机遇，就是创造成功。

他是一位不幸的少年，因为身材矮小，总是被别人忽视。上小学的时候，学校开展小发明比赛，但是班级小组推荐的名单中没有他。于是他找到老师表示愿意参加比赛，老师尽管有些怀疑，但还是答应了他。几天后，他交上了自己的作品——无尘电动黑板擦，这个作品不仅在学校获了奖，还在市里获得一等奖。老师从此对他刮目相看。

上中学的时候，他的身高只有一米多一点。一次，电视台、省科协举办“青少年科技创新大赛”。他给电视台打去电话，代表自己的学校报名参赛。结果他设计的电动车防滑带获得一等奖，为学校争得了荣誉。学校得知这件事后，在全校对他进行了表扬。

2003年12月，联合国教科文组织决定举办一次“全球儿童文化论坛”，在全球每个国家选择一名十四岁以上的青少年赴巴塞罗那参加活动。这一次，他又主动报了名，并被列为候选。

然而，全国共有一百二十名候选青少年，从中只能挑选一人。组织者把一百二十人分为十二个小组，每组选一名代表上台演讲。不幸的是，他没有被小组选上。当其他选手在台上侃侃而谈的时候，他悄悄地靠近一位工作人员说：“叔叔，您能不能帮我喊一下台上的主持人？”主持人走到他的身边，他小声对主持人说：“您给我一次机会，我会还您一份惊喜！”主持人和评委沟通以后，终于答应让他上台试一试。这一试，他便成了中国唯一的入选者！

2004年3月，他接到了联合国的正式邀请。5月12日，身高只有一米二的他，作为中国唯一的代表站在了国际论坛上，他的演讲赢得了场内持续热烈的掌声。

他的名字叫姚跃，安徽省合肥市三十八中一位十六岁的残疾少年。

在接受西班牙国家电视台记者采访的时候，姚跃说："当你被别人忽视的时候，请记住一句话：你自己就是伯乐！"

自己就是伯乐。这句话从一位十几岁的残疾少年口中说出来，分明是一种震撼和力量。命运对他是不公的，他不能以正常人的身高得到应有的关注，然而他却一步步把自己推到了前台，去大胆地迎接别人的目光以及闪光灯的聚焦。当国外众多媒体把"中国最阳光的男孩"的光环戴在他头上的时候，我们懂得了，阳光的形象不在于青春亮丽的外表，而在于他是否拥有积极向上、不屈不挠的心灵。

一位身体残疾而心灵充满阳光的少年带给了我们许多启迪：只把希望寄托在别人身上，等待伯乐来发现，无疑是一种被动和软弱。只有自己发现自己，努力把自己推到前台，前面的风景才会是另一番模样。

■ **撰文**/董保纲

睿智人生 / Intelligent Life

机会属于有所准备的人，更属于那些知道如何创造机会的人。有的时候，成功离我们很远，不是因为我们缺乏能力，而是因为我们缺乏自信和勇气。"自己就是伯乐"这句话告诉我们，机会不会自己亲自上门，如果一心只想将希望寄托在别人身上，等着别人发现自己的才能，势将遭遇失败。我们能做的就是在发现自己优点的前提下，努力展示自己，为自己赢得更多成功的机会！

培养策略 / Training Strategy

你羡慕过别人出色的应变能力和创造能力吗？其实，这些能力并不是与生俱来的，而是在经验中锻炼出来的。遇到突发事件时，如果你不知道怎么处理，可以先不要冒昧发表自己的意见，看看别人是怎么做的，多想一想，把正确的处理方法记下来，等以后遇到类似的情况，你自然就能手到擒来了！

遇到盗贼怎么办?

“真不习惯夜里一个人在家。”童童躺在床上，用被子蒙住脸，好不容易才睡着。迷迷糊糊中，童童听到客厅里似乎有人在翻东西。“莫非家里进贼了？”想到这里，童童吓出了一身冷汗，缩到被子里，一动也不敢动。

■ 问题 /

半夜醒来发现家里有贼，而且又只有你一个人在家，该怎么办呢?

■ 正确的应对策略 /

1.确认情况

如果察觉家里有小偷，先要确认他有没有进自己的房间。如果没有，你可以打开灯，假装和父母大声说话，用这种方法把小偷吓走。

2.不要贸然抓贼

一定不要冲出去抓贼。因为你年小力弱，不但抓不住他，还会给自己带来危险。这时，你能做的就是及时打电话报警。

3.寻求帮助

如果没法打电话，就要想其他的办法寻求帮助。比如，你可以把重物系在绳子上，然后从窗户扔下去，敲打楼下邻居的窗台，引起他们的注意。

4.保护现场

小偷走了之后，一定要保护好现场，这可以为警察破案提供重要的线索。

■ 专家悄悄话 /

晚上独自在家时，天黑后要拉上窗帘，睡觉前要把门窗都关好。如果看到屋外有形迹可疑的人，一定要引起注意。你可以打电话给小区的保安，请他们来帮忙。看完这个小故事，你心里是不是已经有了更好的应对方法？多积累吧，你的应变能力一定会不断提高。

变与不变

只要学会了"变"与"不变"，你便掌握了成功的法宝。变的是思路，创新，创新，再创新。不变的是信念，坚持，坚持，再坚持！

不久前去采访一位农民企业家，我们的谈话不可避免地涉及到他的创业经历。企业家说，他二十多年的创业经历可以用"变与不变"几个字来概括。二十多年前，这位企业家还是一位地地道道的农民。村里调整土地的时候，他分到了一块最不肥沃的土地，他尝试着种了好几样庄稼，都没有得到理想的收成。面对贫瘠的土地，他想到了"变"。他四处打听后得知，贫瘠的土地只适合栽种树苗，而且栽种树苗投资少，劳动强度低。于是他一下子购置了上千株树苗种到土里，他盘算着，这些树苗能够给他带来一些收入。

然而，三年之后，等他的树苗可以上市的时候，他才知道，他的树苗品种早已落后，不管在城市还是在农村，都没有人愿意栽种这样的树苗。面对生长稠密的树苗，他狠了狠心，拔掉了大部分树苗，给树苗之间留下了足够的距离，好让它们充分成长。他想，树苗卖不成，就让它们长成树再卖吧。时间一晃又是七八年过去了，他的树苗终于长成了树木。当他把树木砍下来出售时，却再一次遭到冷遇，因为这种树木的材质太软，做梁做檩都不合适。他再次盘算着寻找出路。后来，他跟随一位木匠苦学了半年的木工，然后自己开始用那些木料打制家具。当他去联系卖家具的商家时，再一次遭遇挫折。因为他的家具是纯手工化操作，制作粗糙，成本也高，和一些大厂家的机械化生产根本无法比，价钱高了无人买，价钱低了他是净赔不赚。

于是他停止了家具制作，开始到全国的一些大中城市中寻找机会。很快，他就找到了一条生财之道。他注意到，在城市里，一些工艺品卖得很红火。受此启发，他开始琢磨制作一些仿古小家具。很快，他制作的仿古小木床、小木椅摆在了大城市的礼品专卖柜台上，这些小家具精致小巧、古色古香，受到了都市男女的青睐。一时间，订单纷至沓来，他赶紧组建了一个工厂，专门生产小家具，不到两年时间，就大赚了一笔。如今，这位企业家早已从制作小家具转到专业收藏、买卖古董家具，资产已是当年的几百倍甚至上千倍！在攀谈之中，这位企业家说，人生只要学会了变与不变，就掌握了成功的法宝，要变的是思路，创新，再创新，此路不通可走另一条路。但是切记也要学会不变，就是不要轻易改变自己的信念，不要轻易说放弃。

一位哲人说：“这个世界不是有权人的世界，也不是有钱人的世界，而是有心人的世界。”这位农民企业家的成功告诉我们，面对命运的不公，不要总抱怨自己手里是一把“臭牌”，只要用心观察，努力创造，成功距离你其实并不遥远。

■ **撰文/董保纲**

睿智人生 / Intelligent Life

在创业过程中，这位农民企业家尝尽了失败的痛苦。可面对失败，他并没有气馁，而是想尽方法寻找“出路”。正是靠着一次次的创新与改变，靠着坚定不移的信念，他终于成功了！其实，遭遇失败的人有很多，但能够提出创造性想法，并坚持下去的人却并不多。从“失败”向“创造”多走一步，就是成功。

培养策略 / Training Strategy

不必羡慕别人天马行空的想象力和创造力，这种能力你也有。试着从家里的废弃物品入手，想想它们都有什么用途吧！你可以自己动手改造几种，对好朋友展示一下。还可以跟几个同学分别改造同一种东西，看看大家做出来的东西有什么不同。

名人堂/

Hall of Fame

把“突发奇想”变成现实

■ 维尔纳·冯·西门子 | Ernst Werner Von Siemens 狱中创建实验室

德国企业家西门子年轻时曾经被拘禁在马格德堡的要塞。他没有像监牢里其他人那样苦苦熬日子，而是通过重重努力，别具心裁地在牢房里布置了一个小小的实验室，把所有的空闲时间都用来进行研究。终于，他在电解试验中获得了巨大成功，在一把茶匙上面镀了一层金。后来，西门子改进了镀金的方法，并获得了专利。

■ 田中一光 | Kazuaki Tanaka 创立没有品牌的品牌

1980年，世界经济增长陷入低迷，日本也经历了严重的能源危机。许多品牌苦苦思索存活之道。这个时候，日本企业家田中一光却突发奇想：创造一个极简的品牌，省掉包装和商标，以优惠的价格服务消费者。没想到，这种没有标牌、包装简洁的商品很快受到了广泛的欢迎，几年内，“无印良品”就在日本开了上百家专卖店。现在，“无印良品”在全世界都取得了巨大的成功。

■ 路易斯·布莱叶 | Louis Braille 给盲人一双求知的眼睛

法国人布莱叶五岁时失明，他在盲人学校学习的时候，发现当时的盲文使用非常不方便，就萌生了创造新盲文的念头。后来，他受到军队上“夜间书写符号”的启发，发明了凸点盲文。没想到这一创举却受到了校领导的反对，他们禁止布莱叶在学校传授和使用这种盲文。但是，困难阻止不了布莱叶的决心，他仍然坚持改进自己的6点制盲文。最终，他创造的盲文得到了大家的认可，被国际公认为正式盲文。

成功可以把握

他也许并不是一个天生的演讲家，却是一个善于思考的心理学高手！面对失败，他会打动自己，然后用失败去拉近自己与成功的距离……

一间大教室里，人声鼎沸。这是一个青年培训机构的课堂，座位上、角落里，甚至教室的最后一排都挤满了一些渴求获得专业指导，使自己出人头地的人们。

他们今天来还有一个目的，就是想听听一位新老师的讲座。人们低声交谈着，交换着各自得来的消息：

“听说，新来的试讲老师非常年轻！”一位女公务员用手扶着眼镜，小心翼翼地说。

“哼，小小年纪，能讲出什么？我想挣大钱，我想超越其他人，他有什么本事来指导我？”旁边的商人低声哼着，挪动了一下肥胖的身躯，不屑地回应道。

“可别小看他，”另一位男士接过了话，“他干过很多工作，推销员、汽车售票员、演员……”

没有人注意到，人群中间坐着一个年轻人，他一边翻看着手里的书本，一边听着人们的议论。

突然，他喃喃自语道：“不行，我得换个新想法！”然后猛地站了起来，大声地说道，更确切地说应该是朗诵道：

“告诉你什么是我的最爱，

“渴望徜徉在六月里。”

“嗯，这个人在干什么？”

“是呀，他神经有问题吗？”

人们窃窃私语，像看怪物一样审视着这个年轻人。年轻人没有理会这些质疑的声音，继续深情地朗诵着：

“……

头顶一片天，脚踏一方土，

有清新的空气供我呼吸，

有如茵的草地供我躺卧，

……”

渐渐地，嘈杂的议论声停止了。人们被诗歌优美的意境感染了，仿佛脱离了城市的嘈杂和单调的生活，进入了美丽的新世界。

这个年轻人就是试讲老师，他以詹姆斯·怀特坎姆·董利的诗歌《徜徉在六月里》作为开场白。当他饱含感情地朗诵完这首诗歌时，掌声响了起来。

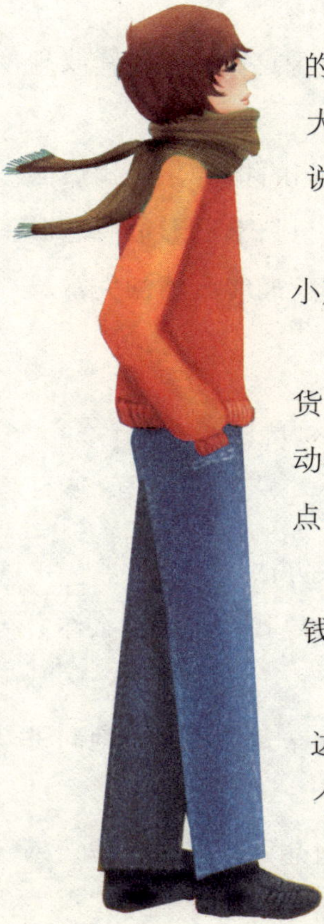

“同学们，我就是今天的试讲老师。我念这首诗的目的是要给你们讲一个故事。”年轻人挥了挥手，大家安静了下来。“我要讲一个我的故事！”他继续说道。

“哦，故事？比让人头大的理论好听多了。”有人小声嘟囔着。听众们的好奇心又被调动了起来。

“……我干过货车推销员，可我搞不懂自己所卖的货车。尽管我曾经非常努力地想要做好工作，可是对发动机、机油的问题，我永远也提不起兴趣。”有人点了点头，表示感同身受。

“有一天，一对年轻的男女走店里，看起来很有钱。我迎了上去，竭尽所能地推销我的货车。

“可才持续几分钟，女顾客就把男顾客拉走了，边走边说：‘先生，我敢肯定，你什么都不懂！把一个三岁的小孩放在这里当推销员，说得也会比你好。我们从来不和无知的人对话！’

“我被这刻薄但真实的话语击垮了。更可怕

的是，这一切都被经理看到了。他怒气大发，指着我的鼻尖骂道：如果我再这样愚蠢下去就什么工作都干不了，只会变成可怜的乞丐。”

人们静静地听着，他们被这个年轻人的故事彻底吸引住了，没有一丝声响。

“我沮丧极了，‘烦死啦，我怎么这么没用，堂堂的大学生，竟然连一个简单的工作也做不了！’我回到租住的公寓里，失眠了，而且剧烈的头痛——可能是担心失业的恐惧和无尽的自责占据了我的整个大脑。我苦恼、低落了很长时间。

“后来，我发现了症结所在——工作越是困难，越要用一种用力的感觉去工作。一旦走进货车专卖柜就集中精神，皱起眉头，挺直腰板，所有肌肉、骨骼和神经都在用力，进而使自己疲惫不堪！怎么办呢？放松，就是解决的办法。”

这时，几位坐着的观众情不自禁地站了起来，好像这么做就能释放身上的压力一般。

“工作的失败，顾客的批评，同事的嘲笑，上司的指责，让我烦恼不堪。大学生的光辉之环被现实击碎，我的事业梦想归于泡影……恐惧和忧郁不断累积，焦虑和烦躁不安不断延伸，也许我最终会精神失常。怎么办呢？”

“是的，怎么办呢？”听众随声附和道。

年轻人挥笔在黑板上写下：

1．把过去和未来隔绝掉，生活在“今天”。

2．分析导致你忧郁的原因是什么？有什么解决办法？

3．如果你把花费在忧郁上的时间用来行动，去寻找结果，那么你会得到什么？

从来没有听过这样的分析，有人从座位上站了起来，情不自禁地向讲台靠近，希望能听清年轻人发出的每一个音节。

有人则热泪盈眶，喃喃道：“是啊，我怎么没有想到，轻装上阵，感觉多妙呀！”

年轻人把真实的职场经历和深刻的人生思考，一点一滴地慢慢融化进听众的心里，时空仿佛静止了，时间却在飞速流逝。

终于，试讲结束了，时间长达两个半小时。人们站立起来，用热烈的掌声向这位年轻的老师致敬！

年轻人的试教成功了！其实，他原本准备的试讲内容，是枯燥的社会关系学理论。

这位在关键时刻把握住机会的人，就是美国现代成人教育之父，被誉为20世纪最伟大的心灵导师和成功学大师的戴尔·卡耐基。

■ **编译**/贾宝花

睿智人生 / Intelligent Life

应变能力是对事情的临场快速反应，前提基础是有足够的经验和阅历，同时还需要冷静理智的头脑反应。遇到困难和从未面对过的难题，很多人都会出现紧张慌乱的反应，只有类似的事情经历得多了，并在每次经历过后都动脑思考、总结经验，才可以在突发事件前做到从容不迫。

培养策略 / Training Strategy

小学生在上下学途中或自己在家时可能会遇到一些意想不到的状况和危险，怎么能迅速应变，顺利摆脱呢？家长可以跟孩子多讲一些应变方法，比如：在放学途中被坏人跟踪，要往人多的地方走，多拐几个弯摆脱跟踪，找警察报警；自己在家时，不要随便给陌生人开门，如果遇到可疑的人询问是否自己一个人在家，可以说“爸爸在睡觉”等敷衍过去。

主持舞蹈大赛

学校里举行了一场舞蹈大赛，平时喜欢舞蹈的女孩子们纷纷报名参加。擅长主持的笑笑被定为主持人。这天，比赛的时候，一个女孩做了一个高难度的动作，迎来了阵阵掌声。但没想到的是，在这个动作结束后，女孩竟然因为重心不稳摔倒了。如果你是主持人笑笑，会怎么说呢？

■ 应对方案 /

A.真抱歉，我们的选手因为表现不佳摔倒了，现在让我们用掌声支持她站起来继续表演吧！

B.朋友们，这其实是舞蹈者为了活跃气氛，特意设计的一个环节哦！比赛的紧张气氛是不是缓解多了？

C.看来大家的热情太高涨了，我们的选手都为大家的热情倾倒了。那么让掌声再热烈一点吧，让我们精彩的表演继续下去！

■ 点评 /

选A的同学：你很诚实，但是这样的处理方式可能会让大家质疑比赛的质量，也可能会让选手尴尬哦！

选B的同学：这样的方式看似机智，但有些牵强，运用不好的话可能会引起观众的反感。

选C的同学：你的应变能力非常不错，这样的处理方式既幽默又灵活，能够顺利缓解尴尬的气氛！

■ 专家悄悄话 /

很多人也许不具备像主持人那样特别机智的应变力，不过掌握良好的应变方法确实对我们的生活、工作很有必要。你可以自己设想几种类似的情形，跟朋友一起，比一比谁的回答最精彩！

打开那扇窗

● 眼睛本是心灵之窗，是我们接触这个世界最直接的途径，可她还没来得及看看眼前这个世界，却不幸失去了光明……

她出生仅三个月的时候，医生诊断她得了先天性白内障，就算做了手术，视力也达不到0.1，这等于宣告她一辈子都将是瞎子！当地流传着这样的习俗：谁家生了看不见的孩子就是上辈子缺了德！这让父母很丢脸，商量再三，决定遗弃她，幸好姥姥及时赶来，把她抱走了。

十个月大时，姥姥带她去医院做了手术，左眼视力恢复为0.2，只有光感和微弱的色感，右眼完全失明，她的世界几乎只有黑暗。在姥姥的严格管教下，凭着过人的听觉和触觉，她学会了单独出门，甚至拿东西也不必摸索。长大后，她进入盲校学习钢琴调律，毕业后分配到一家钢琴厂。

可惜好景不长，因为一次意外，她失业了。一天，她乘公交车去上班，照例拿出盲人乘车证。因为从外表很难看出她是盲人，无论她怎么解释，售票员就是不相信她是盲人，双方发生争执，结果她下车时被车门夹伤了胳膊。半年后，她的伤好了，工作也丢了。

得找份工作养活自己才行，那时北京有二十多家琴行，她就一家一家上门去应聘。无一例外，当她介绍自己是盲人时，别人先是惊讶得张大了嘴巴，随即把头摇得像拨浪鼓，“盲人还能调琴？没听说过。”试也不试就把她打发走了。

连吃了几次闭门羹，她有些沮丧，谁叫自己是盲人呢，不被人们信任也不足为奇。那天走在大街上，她忽然灵机一动，反正别人看不出我是盲人，下次应聘时，干脆冒充健全人。

拿定主意，她又来到一家规模较大的琴行，果然，经理没看出她有什么异常，拿了一台琴给她调，调得很准。经理又找了一台破琴给她修，没用多久也修好了，经理大为折服，当即拍板，“没想到你小小年纪又能调又能修，还非常熟练，你明天就来上班，月薪八百。”在1996年，这是很高的工资了，她心里暗自洋洋得意，真没想到略施小计就马到成功！

哪知道，经理却准备让她做售后服务，也就是琴行卖出钢琴后，由她上门帮顾客调琴。偌大的北京市，四通八达，自己怎么找啊，一定会穿帮。她犹豫了一阵，只好如实相告：“其实我是盲人……”

经理一听，吓了一大跳，“盲人？真没看出来，听说过盲人可以调律，但没想到你能调得这样好！”经理这句话让她美滋滋的，心里重新燃起一线希望，于是她又赶紧趁热打铁，“盲人钢琴调律在欧美已经有一百多年历史，我学的就是欧美先进技术，一定会让用户满意，也能给琴行赢得好的信誉。”

经理接着说：“你的技术我看到了，也能相信你调得比别人好，但是你的工作只能是上门为用户服务，钢琴卖到哪儿，你就要走到哪儿，没人带着你，你能找到用户家吗？再说，路上那么多车，要是你在路上被车撞了，我还得负责啊。”经理的话虽然说得直白了点，倒也合情合理，无懈可击，看来她只有打道回府了。

可她站着没动，稍加思索便反问道：“北京市一年要发生许多交通事故，到底撞死了几个盲人，您知道吗？”

“不知道，没听说有人统计过。”经理真被她给问住了。

“我来告诉你吧，一个也没撞死。”

“为什么？”

“俗话说，淹死的全是会水的。这看不见的就会躲得远远的，汽车来了我就会尽量靠边，要是能上墙头，我肯定上墙了。”短短几句话有理有据，步步为营，还不乏幽默风趣，把经理给逗乐了，“没想到你还挺幽默，不过……”

她听到经理话锋一转，情知不妙，赶紧打断，“这样吧，您先给我一个月的时间，我去熟悉大街小巷，到时候您再决定要不要我。”

话已至此，面对一个盲人女子，哪怕是铁石心肠的人也不忍断然拒绝，经理被她的睿智和执着感动了，说：“只要你能胜任，我非常乐意把这份工作给你！”

一个月之后，她果然熟悉了全市的交通和地理位置，顺利得到了这份工作。毕竟是个盲人，她在克服了无数常人无法想象的困难之后，渐渐在琴行站稳了脚跟，一干就是几年。因为技艺精湛，她的名声越来越大，那家琴行的生意也越来越好。就在老板准备重用她时，她冷静地炒了老板的鱿鱼，开始做个体钢琴调律师。

如今，她是中国音乐家协会钢琴调律学会注册会员，现任北京陈燕新乐钢琴调律有限责任公司总经理，她就是著名的第一代女盲人钢琴调律师陈燕。一个弱女子，盲人，竟炒了老板的鱿鱼，成就一番事业，凭的是一身胆识和智慧。

回首往事，陈燕一脸灿烂地说道：“上帝给你关上一扇大门的时候，一定会给你打开一扇窗！”是的，只要打开那扇窗，阳光依然洒满心房，照亮七彩人生！

■ **撰文/**姜钦峰

睿智人生 / Intelligent Life

当老板得知陈燕是个盲人时，当这份来之不易的工作又将失去时，陈燕灵机一动，主动而勇敢地为自己打开了一扇窗，一番幽默而机智的回答，为她争取到了最后一次机会。这样的应变能力不得不令我们啧啧称赞。有时，应变能力并不是跟对方硬来，而是灵活地跟对方周旋，为自己争取到更多成功的机会。

培养策略 / Training Strategy

故事中陈燕的经历告诉我们，很多时候，明智的做法并不是跟对方硬来，而是将计就计。比如在生活中遇到别人的诋毁，如果解释得不到效果，那不如就随它去；在遇到合适时机的时候，用实际行动向大家证明自己的清白。这样的方法比一味地用语言解释更加有力。

将计就计治奸商

这天一大早，妈妈让小川去面包店买面包当早饭。小川来到面包店，结果发现今天的面包比以前的要小一半。小川问老板："这个面包变小了，那价钱比以前便宜吗？"没想到，老板一看小川是个小朋友，就不耐烦地敷衍说："还是以前的价钱。"小川很不解地问为什么，老板竟然回答："这是为你好，面包小了，你拿起来就方便了。"小川跟老板讲了好久的理，老板依旧置之不理。如果你是小川，你怎么处理这件事情？

你的方法 /

A.继续跟老板讲道理。

B.不买了，骂老板几句，回家。

C.留下一半的钱，说："反正你的面包只值这么多钱，我只给你这么多。"

D.留下一半的钱，转身就走。如果老板叫住，就对他说："少一些，你拿起来不是更方便吗？"

点评 /

选A的同学：你是个正直的好孩子，但跟不讲理的人说道理，是说不清的。

选B的同学：这么做全家人都会饿肚子的，而且骂人也是无礼的行为哟！

选C的同学：你的做法虽然看起来合理，但奸商是不会轻易让你少付钱的。

选D的同学：你这种将计就计的做法和回答很不错，可以有力地反击对方！

专家悄悄话 /

面对无法用常用手段处理的事情时，可以动用自己的聪明才智，耍一点"小花招"，将计就计，利用对方的说辞或做法中的漏洞反驳对方。

拉一下，就成功

● 仅凭一己之力怎样把一个看上去有五百多斤重的铁柜搬出办公室？应聘者八仙过海，各显神通……

某广告公司以非常优厚的薪水招聘设计主管，求职者甚众。几经考核，十位优秀者脱颖而出。

最后关头，这十位精英会聚到总经理办公室，准备进行最后的角逐。

总经理指着办公室内两个并排放置的高大的铁柜，为应聘者出了考题：请回去设计一个最佳方案，不搬动外边的铁柜，不能请求外援，仅仅靠自己一个人的力量，把里面那个铁柜搬出办公室。

望着据总经理称每个起码有五百多斤重的铁柜，十位精于广告设计的应聘者面面相觑，这跟广告有什么关系？他们不知道总经理为什么要出这样的怪题。

大家再看了看总经理——一脸认真，这竟然真是至关重要的一道考题。

这时候，他们意识到了眼前考题的难度，又都仔细地打量了一番那并排的两个铁柜，这可怎么办？

有个人还上前推了推外面的那个铁柜——纯铁制成的，纹丝不动。毫无疑问，他们感觉到了这个问题的难度，这是一道非常棘手的难题。

三天后，九位应聘者交上了自己绞尽脑汁的设计方案。这些方案简直五花八门。

有的利用杠杆原理撬动，有的利用滑轮技术拖动，甚至还有的提出了分割的设想……

可令大家没想到的是，总经理对这些似乎都

很有道理的设计方案根本不在意，他接过一份又一份厚厚的方案，只随手翻翻，便放到了一边。

这时，第十位应聘者两手空空地进来了。

她是一个看似很柔弱的女孩。大家非常诧异：她什么都没准备，难道不打算要这份工作了么？可是，如果不打算竞争这份工作，为什么还要来呢？

“你的方案呢？带来了吗？”总经理饶有兴趣地看着这个两手空空的女孩，问道。

“我的方案就在这里，以及这里。”女孩微笑着指了指自己的脑袋，又伸出了自己的手。

大家大惑不解地看着她，只见她说完，就径直走到里面那个铁柜跟前，伸出手，轻轻地一拽柜门上的拉手——那个铁柜竟被拽了出来！

这下子，应聘的人炸开了锅，有惊愕的，有大笑的，有长吁短叹的……

总经理忍不住连连赞叹道：“好！真是太棒了！这才是我要的最佳方案啊！”

原来，里面的那个柜子是超轻化工材料做的，只是表层喷涂了一层与外面那个铁柜一模一样的铁漆，其重量不过几十斤。

在大家惊愕的眼光和议论声中，这个女孩很轻松地就将这个柜子搬出了办公室。

这时，总经理微笑着对众人道：“大家看到了，这位蒋芸女士设计的方案才是最佳的：她懂得再好的设计，最后都要落实到行动上。这才是创意的最终内涵。”

如今已是该市著名广告人的蒋芸，向我讲述完这段自己当年的亲身经历后，非常自豪地告诉我：“当时，那九位落选的应聘者都心悦诚服地向我祝贺。因为通过这次考核，他们真切地明白了：失败的理由可能会有许多，但成功的理由只有一个，那就是不要被任何东西束缚住自己的思想，并付出切实的行动。”

关于成功，谁都可以拥有无数美妙的设想，但是在实行的过程中，许多人被他人的看法和建议左右了自己的思想，于是放弃了本来近在眼前的成功。

只有能够始终忠于自己的想法，并善于行动的人，才能到达成功的顶峰。

■ **撰文/**崔修建

睿智人生 / Intelligent Life

那个铁柜虚有其表，但大部分应聘者都在那个“五百多斤”的暗示下失去了搬走它的信心。应聘者应聘的明明是“广告设计”这一极富创造性的岗位，却偏偏被别人的说辞和心理暗示束缚住了头脑。只有那名勇于坚持自我的女士，用发散的思维和切实的行动证明了自己的实力。

培养策略 / Training Strategy

聪明的人不会被别人牵着鼻子走，而会从实践中得出自己的判断。同学们，生活中你会人云亦云，还是会清醒地保持自己的观点？从现在开始，锻炼自己的独立思考能力和行动力吧，比如在听到别人的反对意见时，试着做出独立的思考，并用切实的行动和透彻的道理说服他人。

卖木材

安德森爷爷在卖木材，标价为3元钱1斤，一共有100斤。这个时候，一个贼眉鼠眼的人走了过来，对安德森爷爷说：“我要买你的木材。可是我买回去后，木材芯和木材皮是分开用的。我自己买回家再分割太麻烦了，你可不可以把木材芯和木材皮分开卖给我？”安德森爷爷觉得倒也可以，就答应了。

“那这样吧，木材皮比较不值钱，就按1元一斤；木材芯比较值钱，就按2元一斤，加起来正好3块钱。木材皮50斤，木材芯50斤，加起来正好100斤。你看行吗？”这个人说。安德森爷爷想了想，觉得没什么问题，就答应了。

问题 /

可是，最后一算，安德森爷爷只得到了150元钱：卖出了50斤木材皮，赚到了50块钱，卖出了50斤木材芯，赚到了100块钱。安德森爷爷怎么也想不明白，他觉得价格跟重量都没什么变化，但本来应该是卖300块钱的木材，怎么只卖了150块钱呢？亲爱的同学，你能帮安德森爷爷解释一下这个难题吗？

专家悄悄话 /

亲爱的同学，你是不是也被绕进去了？这个题目非常具有迷惑性，一不小心就会落入买木材人的陷阱。只要保持自己的独立思考，拿起笔去算一算木材的价格和总数，问题就能迎刃而解了。

答案

其实是买木材的人把安德森爷爷给骗了。1元买了1斤木材皮，2元买了1斤木材芯，加起来正好是3元，看起来没什么问题，但实际上是3元买了2斤木材。这么算下来，本应300块的木材正好卖了一半的价钱。

奇思妙想打造化妆品帝国

● 创意虽然是无形的东西，但只要运用得好，它可以散发出巨大能量，为你的成功做出卓越的贡献。

在环球美容化妆品业界，有这样一位女性企业家，她三十四岁才开始创业，她就是“美体小铺”的创始人安妮塔·罗迪克。安妮塔·罗迪克出生于英国海边的城市——小汉普顿，是意大利移民的后裔。

安妮塔·罗迪克长大、嫁人后，发现护肤品和化妆品都非常昂贵，很多跟她一样的女人并没有那么多钱去打扮自己。一次偶然的机会，她得到了一个用天然食物制做护肤品的方法，试用之后发现效果很好，就萌生了开店卖各种物美价廉的天然护肤品的念头。

她的第一家店开张的时候，由于向银行所贷的资金有限，在选择店内油漆颜色时，安妮塔·罗迪克不假思索地选择了最廉价的绿色油漆。没想到歪打正着，冷僻的墨绿色配上原木色货架，刚好符合了“天然”化妆品的形象，而且恰逢环保运动如火如荼，她的小店迅速得到了人们的广泛欢迎。

有一段时间，美体小铺的生意不是太好。安妮塔·罗迪克没钱打广告，就想了一个办法：在通往商铺的街道上喷洒草莓香水。很多人被吸引过来，纷纷观看。安妮塔·罗迪克见众人疑惑不解，就给大家解释：“这是我为大家铺设的一条香水大道，请大家寻着香味光顾我的小店！”这个浪漫又富有创意的做法一下子打动了人心，预计第一周进账四百英镑的目标，竟然一天就实现了。

刚开始，安妮塔·罗迪克仅仅出售二十五种纯天然绿色环保美容化妆品，但是需要很多放化妆品的瓶子——她没有钱去购买。怎么办？一天，她去医院探望朋友时，发现病房一角扔有许多废弃的、没用过的透明集尿瓶，便突发奇想："何不将这些集尿瓶经过严格消毒后当做化妆品的瓶子呢？"说干就干！布置好以后，五颜六色的液体、高低不一的瓶子顿时给店里增添了不少色彩，一下子抓住了消费者的眼球，销售额也突飞猛进。

就这样，安妮塔·罗迪克凭着独到的眼光和种种奇思妙想，把美体小铺越做越大，并成为了美容化妆品行业"绿党"的首领。

■ **编译**/刘　颖

睿智人生 / Intelligent Life

安妮塔·罗迪克靠着自己的奇思妙想，进行了独特的营销，一步步取得了成功。你也可以跟她一样，在遇到困境和难题的时候，试着打破自己脑海中无形的枷锁，用独特的思维去想一想，就会发现许多以前没发现的东西。

培养策略 / Training Strategy

喜欢幻想是孩子的天性，家长如果进行合理的引导，孩子的创新能力就会得到充分的发挥。比如在装修房子、买家居用品这些"大人的事"上，也适当征求一下孩子的意见，把孩子的好想法记录下来，日积月累，你会发现这些想法是一笔不小的精神财富。

“另类”名人的创意人生

安东尼奥·高迪

Antonio Gaudi

“梦幻建筑”的设计者

高迪是西班牙最伟大的建筑师，他设计的巴特罗之家、米拉公寓、古埃尔公园、圣家大教堂等建筑，至今仍被人们津津乐道。高迪的想象力非常丰富，他乐于建造富有梦幻色彩的建筑。他认为自己的建筑并不是去创造什么，而是完全地仿效大自然，贴近最本真的自然。正因为这种对自然的贴近，他的建筑具备了一种另类的美感。

大卫·奥格威

David Ogilvy

别出心裁的广告“教皇”

大卫·奥格威是著名的广告人，也是知名的奥美广告公司的创始人。他在刚创立奥美广告的时候，就别出心裁地做出了几件事情：一是发布与众不同的招聘广告，说明应聘者将在一段时间内“超时工作，工资低于一般水平”；二是列出了几家最想争取的客户，都是通用食品、壳牌石油等知名大公司；三是发表演说、接受采访，打通媒体人脉。果真，这几种在当时属于“另类”的做法，给奥美赚取了足够的知名度。

潘石屹

Pan Shiyi

风云网络的“地产大亨”

潘石屹是SOHO中国有限公司董事长，这位“地产大亨”以观念前卫著称。他开发的项目非常成功，这与他独特的网络营销密不可分。潘石屹是中国网络时代与大众传媒最早的拥趸之一，他成功地利用其个人博客和微博推广SOHO品牌，只新浪一家网站的浏览量就达数千万，这种全方位的网络影响给他的事业带来巨大的经济效益。

挑战自我的谎言

● 你是习惯安于现状，还是敢于挑战、积极进取？一次大胆而富有创造力的举动，或许就能改变你的一生。

大学毕业时，我开始四处应聘寻找工作。有一次，我来到一家著名的网络公司去应聘。

到了网络公司之后，我才知道，他们应聘的不是网络管理员，而是专业的程序员。而我大学学的是信息工程专业，虽然多少能编写一些程序语言，但是与他们的要求似乎有些偏差，但是想到既然来了，也就不妨硬着头皮试试。

来应聘的人很多，他们大多是学习专业编程出身的，排在他们的队伍里，我显得有些势单力薄。直到轮到我面试的时候，我深深呼吸了一口气才走进门去。

负责招聘的是这个公司的人事经理，一个看上去很俊朗睿智的人。他认真地浏览了一番我的简历，就开始很亲切地问我话，我一一作答。当然，到最后的时刻，他终于问我说："你会不会用JAVA语言编程？"

我咬咬牙，坚定地说："我会！"

他笑了笑，说："那好，请你二十天后到这里来参加笔试。"

我高兴地点头出去了。

走出网络公司后，我的心情却一点也没有轻松下来，因为我清醒地知道，自己连JAVA这个语言都没有接触过，怎么能有把握应对二十天后的笔试呢？

于是，我回到学校，就买了相关书籍研读起来，并不断地向编程专业的同学和老师请教。整整二十天的时间里，我夜以继日地学习JAVA语言，丝毫不敢松懈。

直到二十天后，我已经系统地了解了这种语言，并且可以进行初步的编程了。

于是，我又一次硬着头皮地来到网络公司，战战兢兢地参加了笔试。而监考我们笔试的居然还是那位俊朗的人事经理。

考试的题目比我想象中的困难许多，尽管我竭尽脑力，也未能顺利地答满全卷。

走出考场的时候，我心里想，可能没有机会了，自己浅薄的学识无法弥补我最初的谎言。

笔试的分数很快就出来了，我的成绩63分，刚好及格。而在我之前，大多数人的分数都高高在上，令我望尘莫及。

但是令人意外的事情却发生了，幸运之神再次眷顾了我：我被录用了！而许多分数比我高得多的人却没有被录用。

当我再次见到那位满脸笑容的人事经理时，我很疑惑地问他："为什么你没有录用分数比我高的人，而偏偏录用了我？"

经理拍拍我的肩膀说："因为你是一个有勇气和自信的人，其实我早就看出来了，你之前根本没有系统学习过JAVA编程语言，但你却能勇敢地说出'我会'，说明你是一个敢勇于接受挑战，并能积极且及时付诸行动的人。

"因为你如果不在二十天内初步掌握住这个语言，你的谎言将不攻自破，同样会淘汰出局。而你却在短短的时间里基本掌握了这种语言，这就可以充分证明你的勤奋和努力以及良好的应变能力和学习能力。如今信息变幻无穷，程序语言不断更新换代的网络公司里，需要的就是你这种能不断挑战自我的员工，所以你被破格录取了。"

我恍然大悟，原来我的成功源于那一次说谎却又敢闯的勇气，我正是用这种挑战自我的方式，战胜了自己，最终与成功站在了一起。

■ **撰文**/张　翔

睿智人生 / Intelligent Life

生活中，如果我们总是因为自己的知识贫乏而失去挑战自我的勇气，那么，我们就很有可能与机会失之交臂。当机会来临时，一方面不要因为自己的不足而心虚怯场，另一方面，还要懂得创造机会、抓住机会。当然，创造机会并不等于盲目进取或是撒谎自夸，只有真正付出努力和实践，你才有可能创造奇迹。

培养策略 / Training Strategy

聪明的人不会被别人牵着鼻子走，而会在困难面前接受挑战、创造机会。同学们，生活中的你在面对挑战时，会人云亦云地选择放弃，还是大胆为自己争取机会？从现在开始，锻炼自己的胆量和自信吧，比如面对你不会的数学题，试着去解答，并虚心请教其他同学，相信你也能征服它！

废旧光盘变相框

这天，妈妈收拾屋子，收拾出好多废旧光盘。妈妈想丢掉，但又觉得挺可惜的。想一想，有什么办法能把废旧光盘重新利用一下呢？我们来拿它做个相框吧！

■ 准备材料 /

1.废旧光盘（一定要看清楚是不是用过的光盘呀！）
2.中国结、长长的红绳
3.蜡烛
4.锥子
5.广告纸

■ 步骤 /

1.用蜡烛把锥子头烧热，然后在光盘相对的两侧分别扎一个眼。（注意不要扎到手、烫到手。）
2.把中国结扎在光盘的一头，用绳子把扎好的光盘串起来。
3.把广告纸剪成圆形，贴在每张光盘上。
这样，相框就做好啦！选几张照片，剪成你喜欢的形状，用双面胶贴到光盘相框上，挂起来就可以了！

■ 专家悄悄话 /

这个小手工可以提高你的动手能力，还能废物利用，而且可以开拓你的思路。生活中的奇思妙想很多，只要开动脑筋，很多东西都可以变废为宝！

脱颖而出的红衣服

● 一件独特的红衣服，能够让一个人显得与众不同，加上不懈的努力，他就会走上成功的道路。那你的“红衣服”呢？

有个衣衫破烂、满是补丁的男孩，他叫查理。有一天，他来到了一片工地上，走到一位衣着奢华、抽着雪茄的男人跟前，非常诚恳地问道：“您可不可以告诉我，我要怎么做才能像您一样这么富有呢？”

那位男人正是建筑工地的建筑商。他看了看男孩，然后慢悠悠地吐出一口烟雾，说：“伙计，回去买一件红色的外套吧，然后努力干活。”见男孩儿满脸疑惑，他吐了一口烟雾，又接着说：“你看那边工作的人，这么看去，他们是不是全都一个样子？说实话，我不可能将他们的名字全都记下来，更不可能记住他们的模样！”

“可是，”他又说，“要让一位老板记住自己，靠的便是工作和技巧。你仔细看看，那儿有一位身穿红色外衣的工人，他的脸被晒得通红，十分引人注目，因为他好像总比别人努力，而且工作也非常带劲。”

“每天上班时，他来得总比别人早一点儿；每天下班时，他又走得总比别人晚一些。由于他那件红色的外套以及他努力工作的表现，我很容易认出他。”建筑商慢慢地说。

“如今，我正准备找一个负责工地的监工，因为他给我留下了很深刻的印象，所以我决定让他来担任。”说着，建筑商抽了一口雪茄，“如果他的表现很出色，我将把更加重要的任务交给他。假如他还是这般努力，那么他便可能成为一位富有的人。”

“但是……你还没有告诉我你是怎样发达的呢！”男孩不解其意，接着问道。

“伙计，其实这就是我的发达过程。”建筑商抬起头，眼睛注视着不远处的高楼，“当初，我努力工作，下定决心要变成其他人眼中最好的一个。可是，假如我跟大家一样只穿白色的衬衫，那么或许就没人能注意到我，因此我每天都穿红色的外套，而且加倍努力。很快，老板便注意到了我，不久便让我当他的助理。后来，我存钱开始投资，渐渐就变成了老板。”

“我明白了……”男孩若有所思。

“努力工作是成功的基础和前提，但想要顺利而快速地脱颖而出，就需要巧妙的方法了。”建筑商语重心长地看着男孩，“伙计，这剩下的东西，就要你自己去体会啦。”

■ **编译**/李珊珊

睿智人生 / Intelligent Life

做好工作是成功的必备条件，但有的时候，成功来得并不那么容易，机遇也是需要创造的。除了努力工作，你还需要运用独特的方法，让自己脱颖而出，把自己最优秀的地方凸现出来。这样的独特方法，是一种另类的智慧。

培养策略 / Training Strategy

运用正确的、智慧的方式让自己变得与众不同，你会成为一个引人注目的小天才！比如选举班干部，大家都在讲述自己的优点，你可以先从自己的缺点说起，并告诉大家改正缺点的决心和方法。让自己与众不同，并不是投机取巧，而是用智慧的方式给大家留下深刻的印象，牢牢把握住成功。

爱面子的国王

从前有一位国王，不幸天生残疾，独手独眼，还断了一条腿。他见历代国王都有画像流传，也想为自己画一幅肖像画。大臣得知他的心思，就请来全国最好的画家为他作画。

第一位画家很诚实，他原原本本地照着国王的样子画好了画，残疾的手、胳膊和眼睛都看得清清楚楚。

不料国王看后勃然大怒，喝道：“你把我画得这么丑，这副样子怎么供后人瞻仰？”于是，他下令杀了这位可怜的画家。

大臣又请来一位画家为国王作画。这位画家害怕被杀，就把国王画得完美无缺。

可是国王看后更生气了：“画上的人不是我，你在讽刺我！”说完，他又传令把这位画家也杀了。

第三位画家该怎么办呢？写实派的被杀了，完美派的也被杀了。快帮他出个主意吧！

专家悄悄话

看完这个故事，你是不是很有启发？表现自己的优秀并不等于说假话或者制造假象，而是能够抓住关键点。

答案

画一幅国王单腿跪下、闭一只眼睛瞄准射击的侧身肖像画，就能巧妙掩盖他身体上的缺陷了。

4 智商大检阅
——攀登思维的顶峰

通过前面三章的学习，你是不是感觉自己仿佛做了一场头脑体操？聪明的大脑需要锻炼，高智商需要激发。多多学习和锻炼，你的大脑会变得越来越灵活。

经过这些小故事和小游戏的锻炼，你想知道自己的大脑有多聪明吗？那就让我们一起进入这一章，做做有趣的思维游戏，开始智商大检阅吧！

智商大检阅 热身关

智商大检阅就要开始啦！同学们，看完了这本书，你是不是得到了很多启发？现在就来检阅一下自己的智商吧！热身关开始！

001 爬山

小军特别喜欢爬山，下面这两张照片就是他在爬山途中拍摄的。这两张照片背景不同，你能分辨出哪一张是先拍的吗？

A

B

002 画符号

请找出下面图片的排列规律，并在问号处画上正确的图片。

003 只切两刀

一天，乐乐的爸爸让乐乐只切两刀，就将一个马蹄形的图片切成六块。乐乐认为这绝对不可能做到。你认为可能做到吗？快开动脑筋想一想吧。

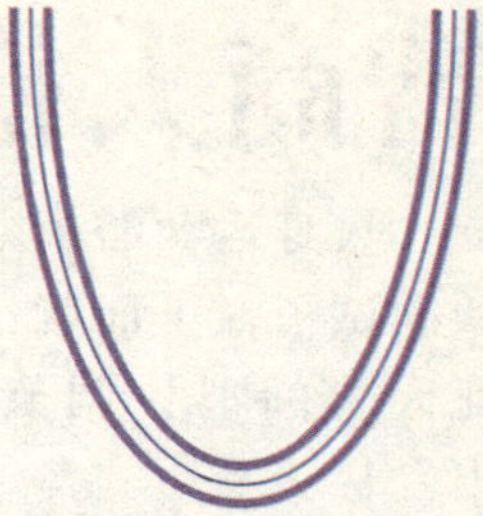

004 抢救名贵画作

假如卢浮宫失火了，而且火势非常大，看来没办法扑灭。如果你是卢浮宫的工作人员，而且只能抢救其中的一幅名画。那么，你会选择抢救哪一幅名画呢？说说你的理由。

A.从艺术价值和知名度来看，抢救《蒙娜丽莎》。
B.从宗教价值来看，抢救《岩间圣母》。
C.从历史价值来看，抢救《拿破仑一世及皇后加冕典礼》。
D.从距离来看，抢救门口的一幅。

答案

001>爬山

B 对比两张照片，你会发现小军的纽扣少了一颗。由于小军在爬山，不可能缝纽扣，所以可以判断出纽扣全的照片是先拍的。

002>画符号

带阴影的面总会盖住图形的一部分。在第一排中，带阴影的面从下向上移动；在第二排中，带阴影的面从左向右移动；在第三排中，带阴影的面从上到下、从左向右移动。

003>只切两刀

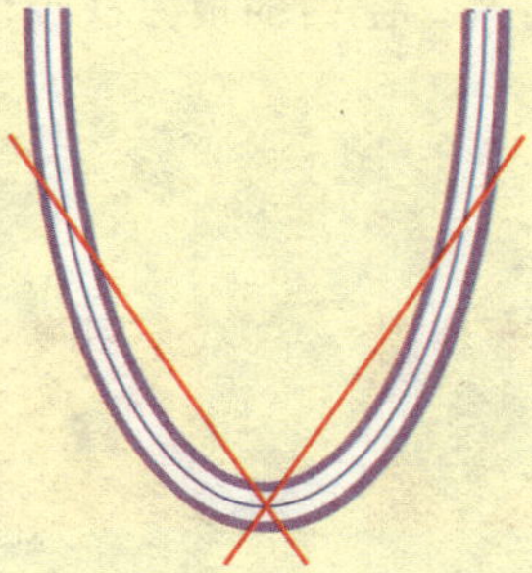

004>抢救名贵画作

D 抢救距离出口最近的那幅画。因为如果抢救其他的名贵的画，那么可能因路途遥远而导致抢救失败。

智商大检阅 启动关

热身运动结束，你是不是已经跃跃欲试了？下面就让我们正式启动智商大检阅吧！调节好自己的状态，出发！

001 谁多余

将图片A～H按一定的顺序放进例图里，就会形成一个正方形。但其中有一幅图片是多余的，你能找出来吗？

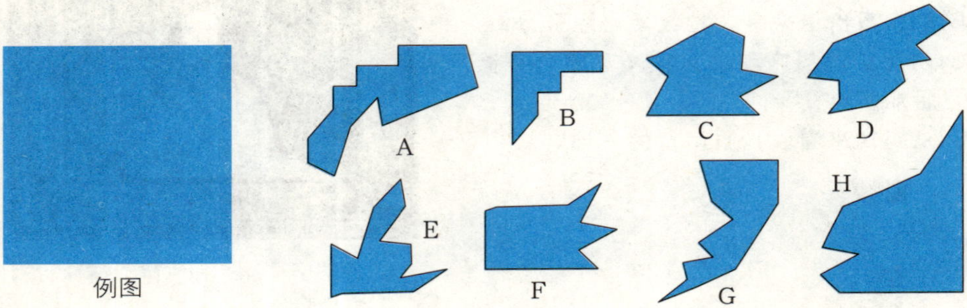

002 填正方形

想一想，空白的地方缺少什么样的图案？从备选答案中找出来。

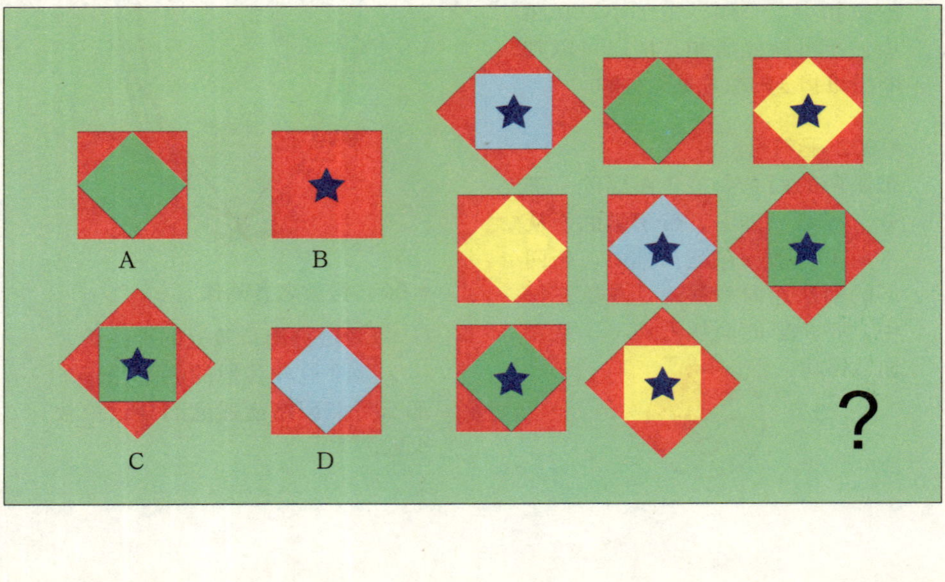

003 人员调整

一个小型军事基地中间有一个城楼，周围设立了八个哨所，由二十四名士兵把守，每边有十一个人。由于军情需要，指挥所连续四次为哨所增加兵力，每边增加了四名士兵。但上级要求在每次增兵后，每边仍有十一名士兵，每个哨所都必须有士兵把守。

如果你是指挥官，那么每次增兵后人员应该如何调整？

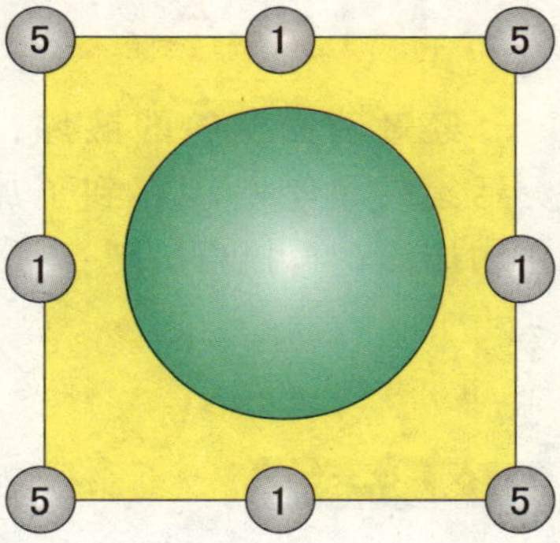

004 酒杯变房子

爸爸和儿子在家用火柴做智力游戏题，爸爸出了好几道题，都被儿子很快解决了。儿子也想出个题目考考爸爸，就用十根火柴摆成两只酒杯，要求爸爸移动其中四根火柴，使摆成的图案变成一栋房子。爸爸被这道题难住了，你来帮帮他吧。

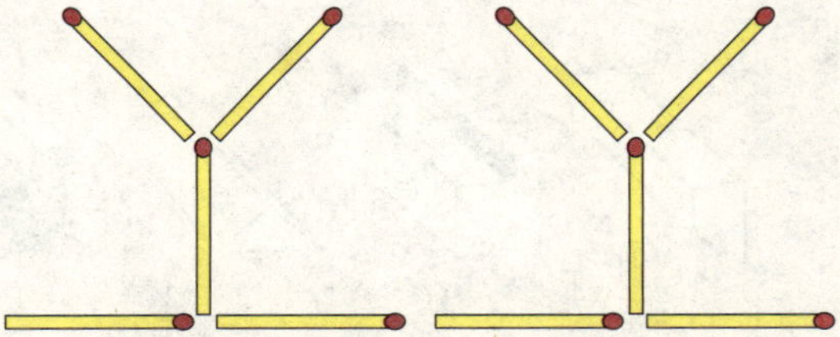

001>谁多余

C

002>填正方形

D 每行、每列中都含有三种背景颜色，并且星星图案只出现两次。

003>人员调整

第一次调整每边均为：4、3、4；第二次调整每边均为：3、5、3；第三次调整每边均为：2、7、2；第四次调整每边均为：1、9、1。

004>酒杯变房子

将虚线处的火柴移到相应位置即可，如下图所示。

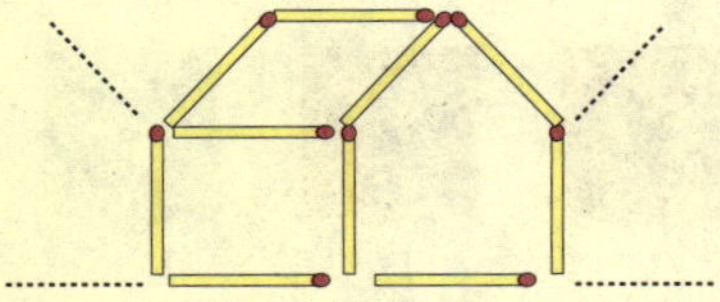

智商大检阅 加油关

经过前面两轮的锻炼，你的大脑一定能够灵活运转了吧！现在到了加油关，给自己默念几句加油，再接再厉吧！

001 折卡片

例图是待折叠的卡片，虚线表示折痕。请你从A、B、C、D中找出例图折叠后的成品。

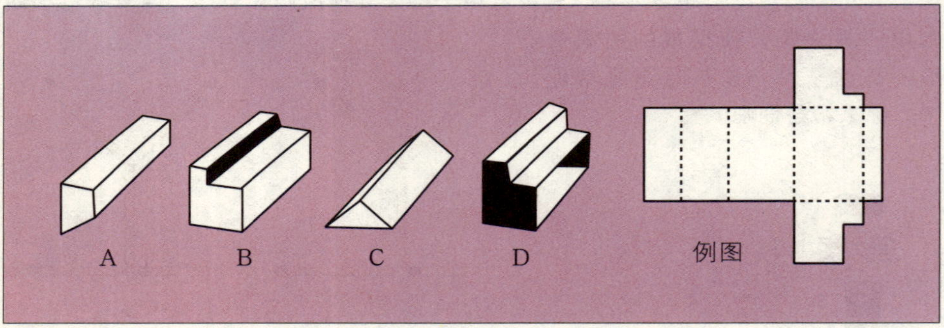

002 填一填

下面的图片排列存在着一定的规律，请你找出这种规律，从备选图案中选择最合适的填入空格中。

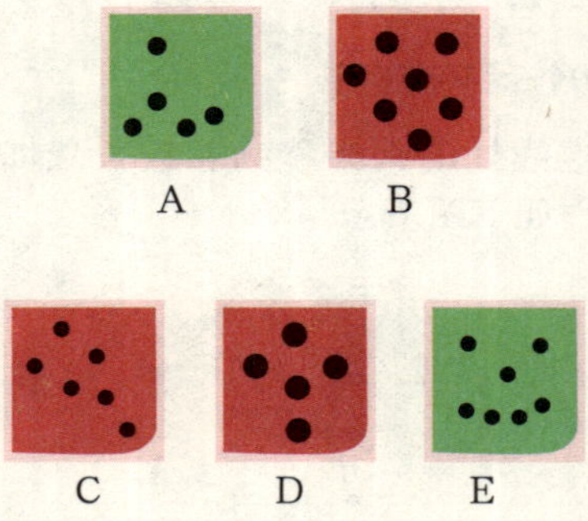

003 去同学家

傍晚，李琳去同学张娜家玩。出发前，张娜打电话告诉李琳：“你出门后碰到一棵小树往西走，很快就到我家了。”

请你判断一下，李琳走的路通向张娜家吗？

004 越过封锁线

C部队某班由六名老战士和五名新战士组成。在一次战斗中，他们要穿越敌人设置的障碍物。障碍物很狭窄，也很容易暴露目标，所以他们必须一个一个地通过。班长规定，每过去两个人，第三个人需向后面的人报告，然后再跑到队尾。接下来再有两个人越过障碍物，一个人报告，以此类推，直至战士们全部越过。

但是新战士没有经验，必须与一名老战士搭档才行。那么最初的队形该怎样排列，才能完成任务呢？

答案

001>折卡片

B

002>填一填

B 每行中都含有橙色、绿色、红色这三种背景颜色，所以缺少的颜色是红色。每行都包含一个含有星星的图形、一个含有小圆点的图形和一个含有大圆点的图形，所以缺少的是一个含有大圆点的图形。每行中星星、小圆点和大圆点的总数都是15。

003>去同学家

李琳走的路不能通向张娜家。因为当时是傍晚，太阳在西侧。如果李琳碰到一棵小树后往西走，那么她的影子应该在身后，而不是身前。

004>越过封锁线

队形应按老战士、新战士、老战士、老战士、新战士、新战士、老战士、新战士、老战士、老战士、新战士排列。

智商大检阅 冲刺关

走到了这一关，说明你的大脑还是非常聪明的！不要骄傲，调整好状态，开始你的冲刺吧！

001 四刀切十一块

如果将一个西瓜切四刀，切下来的西瓜不许拼上去再切，那么能切出十一块吗？

快来动手试试吧！

002 北极探险

两个好朋友来到冰天雪地的北极探险，途中被一条大河挡住了去路。他们想造一条船，但是没有树木可以用。

他们的工具只有斧子、铁棍，你能想个办法帮助他们过河吗？

003 不会掉落的乒乓球

有一天，宁宁把一只乒乓球放进了一个广口玻璃杯里。他对妹妹说："你不要使用任何工具，让玻璃杯口朝下，但乒乓球不能从玻璃杯里掉下来。你知道怎么做吗？"

妹妹被难住了，你能帮她想个办法吗？

004 移硬币

有八枚硬币，纵向放五枚，横向放四枚，如右图排好。现在只能移动其中一枚，使纵横看上去都成四枚。

你知道应该怎样移吗？

005 糖果盘中的东西

桌子上有四个糖果盘，每个盘子上都放有一张纸条。

盘一：所有盘中都有水果糖。　　盘二：本盘中有梨。

盘三：本盘中没有巧克力。　　盘四：有些盘中没有水果糖。

这些话中，只有一句是真的。你能否推出第三个盘中装的是什么？

001>四刀切十一块

第一刀用红色表示，第二刀用蓝色表示，第三刀用紫色表示，这三刀不要切断。第四刀用绿色表示，并切断前三刀没切断的部分。

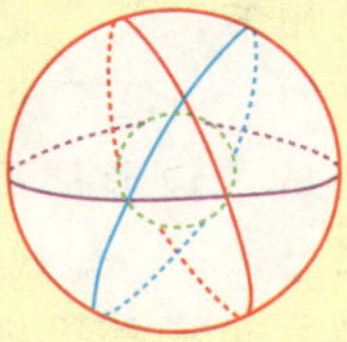

002>北极探险

用冰造一艘船。因为冰比水轻，所以冰船是可以浮在水面上的。他们乘着冰船，就能顺利地过河了。

003>不会掉落的乒乓球

只要不停摇动玻璃杯，让乒乓球在杯子内壁做水平圆周运动，乒乓球就不会从杯子里掉下来。

004>移硬币

有多种移法。如下图，将1移到2的位置与2重叠即可；或将纵排上除中心交汇点之外的任何一枚移到横排上的某一枚上重叠即可。

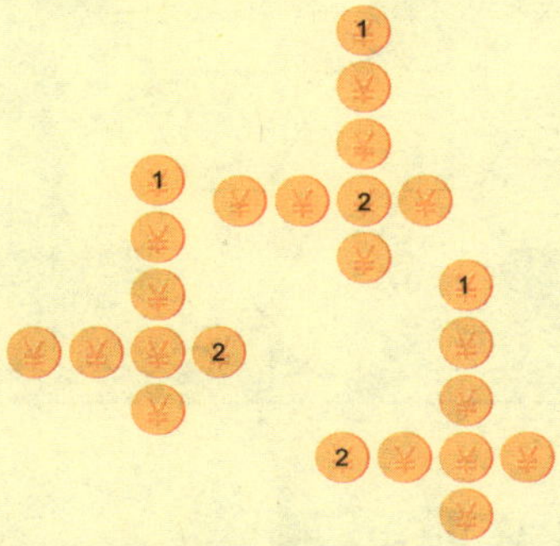

005>糖果盘中的东西

因为题干中盘一和盘四的话是矛盾的，所以两句中必有且只有一句为真。可知，盘二和盘三中的话必为假。由盘三中“本盘中没有巧克力”，可知盘三中有巧克力。

智商大检阅 终结关

经过了前面四关的考验，你的大脑已经非常灵活了。闯过这一关，你就是不折不扣的高智商天才儿童！

001 翻帽子

下面有七顶帽口朝下的帽子，请把它们全部翻成帽口朝上。规则是：每翻一次必须翻五顶帽子。

请问，一共需要翻多少次才能达到要求呢？

1 2 3 4 5 6 7

002 六边形涂色

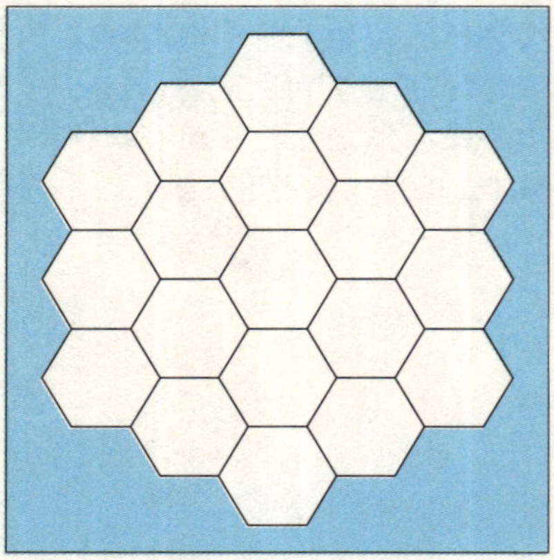

看看左面的蜂窝状图形，它是由很多小六边形组成的。现在，请你找出蓝、红、黄、绿四种颜色的水彩笔，为它涂上颜色。具体要求如下：

1.每种颜色的六边形至少有三个；

2.每个蓝色的六边形都正好与两个黄色的六边形相接；

3.每个绿色六边形都正好与三个红色六边形相接。

同学们，你知道该怎么涂吗？

003 轮胎爆了

有个司机开着车去办事，半路上忽然有一个轮胎爆了。当他把轮胎上的四个螺丝拆下来，准备换备用轮胎时，不小心把四个螺丝踢进了下水道。他没有备用的螺丝，急得满头是汗。这时，有个热心的年轻人

路过这里，看到这番情况，只说几句话就帮助他解决了问题。没过多久，司机又开着车上路了。

你知道年轻人想出了什么样的妙计吗？

004 接电灯

洋洋是个小电工，他拿着一幅电路图发了愁。他要用五根电线连接五对不同颜色的电灯。但是这幅电路图要求非常苛刻：1.电工设置的电线必须沿着方格上的白线铺设；2.不能让任何电线出现相交现象。

请你帮洋洋想一想，他该怎么做才能符合要求呢？

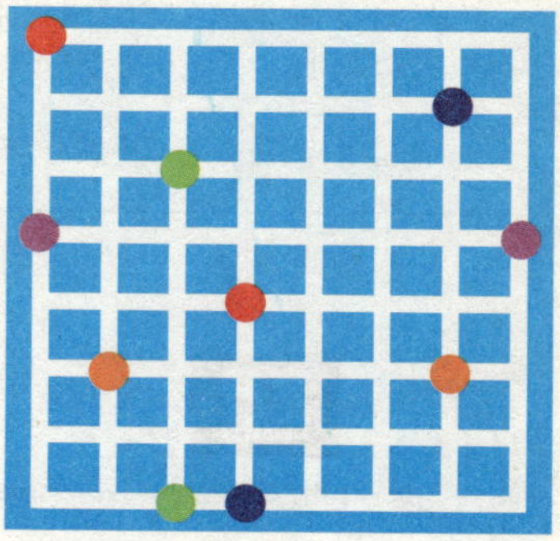

答案

■ 001>翻帽子

第一次：1、2、3、4、5。第二次：2、3、4、5、6。第三次：2、3、4、5、7。

■ 002>六边形涂色

■ 003>轮胎爆了

从其他三个轮胎上分别卸下一个螺丝，把它们安在第四个车胎上就行了。这样每个轮胎上都有三个螺丝，车子就能被开走了。

■ 004>接电灯

图书在版编目（CIP）数据

IQ智商：头脑就是武器 / 龚勋主编．—北京：华夏出版社，2013.1

ISBN 978-7-5080-7257-9

Ⅰ．①I… Ⅱ．①龚… Ⅲ．①智商—青年读物②智商—少年读物 Ⅳ．①B841.7-49

中国版本图书馆 CIP 数据核字（2012）第 249585 号

出品策划：文轩出品

网　　址：http://www.huaxiabooks.com

未来成功人10Q全商培养

IQ智商：头脑就是武器

总 策 划	邢　涛	出版发行	华夏出版社
主　　编	龚　勋	地　　址	北京市东直门外香河园北里 4 号
项目策划	李　萍	邮　　编	100028
文字统筹	谢露静	总 经 销	新华文轩出版传媒股份有限公司
编　　撰	余妮娟		
责任编辑	李菁菁　顾晓晴	印　　刷	北京丰富彩艺印刷有限公司
		开　　本	787×1092　1/16
设计总监	韩欣宇	印　　张	8
装帧设计	乔姝昱	字　　数	100 千字
版式设计	乔姝昱	版　　次	2013 年 1 月第 1 版
美术编辑	安　蓉　葛明芬	印　　次	2013 年 1 月第 1 次印刷
图片绘制	小春插画设计工作室等	书　　号	ISBN 978-7-5080-7257-9
印　　制	张晓东	定　　价	20.00 元

● 本书中参考使用的部分文字及图片，由于权源不详，无法与著作权人一一取得联系，未能及时支付稿酬，在此表示由衷的歉意。请著作权人见到此声明后尽快与本书编者联系并获取稿酬。

联系电话：(010)52780202